El revolucionario mundo de los probióticos

Vivir Mejor

Dra. Olalla Otero

El revolucionario mundo de los probióticos

Qué son, cómo funcionan y para qué sirven

Prólogo de Sari Arponen

alienta
EDITORIAL

PEFC Certificado

Este libro procede de bosques gestionados de forma sostenible

PEFC

PEFC/14-38-00305 www.pefc.es

Alienta, un sello editorial de Centro Libros PAPF, S. L. U.
Avda. Diagonal, 662-664, 08034 Barcelona (España)
www.alientaeditorial.com
www.planetadelibros.com

Adaptación de la cubierta: Booket / Área Editorial Grupo Planeta a partir de la idea original de ©Sylvia Sans Bassat
Ilustraciones del interior: © Nutribiótica, Axier Uzkudun y Shutterstock.
Primera edición en Colección Booket: enero de 2026

Depósito legal: B. 21.003-2025
ISBN: 978-84-1344-478-9
Impreso en España

Biografía

Olalla Otero es doctora en Biología por la Universidad de Vigo y tiene dos másteres: uno en Innovación en Seguridad y Tecnología Alimentarias y otro en Metodología y Aplicaciones en Ciencias de la Vida. Ha publicado y colaborado en diversos artículos científicos y ha concedido múltiples entrevistas difundiendo la importancia de tener una microbiota equilibrada y el efecto de los probióticos en la salud. Después de trabajar en el ámbito de la seguridad alimentaria y en la industria de los suplementos alimenticios, actualmente dedica su día a día a la formación y divulgación científica sobre probióticos, consolidándose como una de las mayores expertas en este campo. Comparte sus conocimientos en su perfil de Instagram: @draolallaotero

A mi bebé, Alba. Gestarte a la vez que un libro
te ha restado protagonismo, pero prometo compensártelo

Sumario

Prólogo

El día que conocí a la doctora Olalla Otero fue memorable. ¿Sabes la alegría que te da cuando eres un apasionado de algo y te encuentras con alguien a quien le gusta tanto como a ti ese tema? Pues así me sentí yo, una friki de la microbiota, cuando la conocí.

Con Olalla puedo ir corriendo y exclamar: «Mira, ¡el *L. paracasei* LPC37 mejora la tolerancia al estrés, además de sus otros efectos sobre la salud intestinal y el sistema inmunitario!». Seguro que otras personas me entenderían, pero ella, además de comprender lo que le estoy diciendo, se entusiasmará y juntas podríamos tirarnos horas hablando de ese probiótico y de otro montón de cepas.

Olalla tiene una formación científica que queda patente en su currículum: un máster en seguridad alimentaria y otro en metodología, además de una tesis doctoral plasmada en múltiples publicaciones científicas. Y cuando conocimiento y capacidad se unen a una pasión desbordante y una curiosidad sin límites, además de al amor por el detalle, la mezcla es poderosa. Y ella lo tiene todo.

Por eso, cuando supe que iba a escribir este libro, me alegré mucho.

No sé cuántas veces a la semana (no lo sé porque no las he contado, pero son muchas) se me plantea por diferentes vías la siguiente pregunta: «Doctora, ¿qué probiótico puedo tomar para...?». Otras veces leo textos sobre probióticos en diversos lugares que contribuyen más a la confusión o la infoxicación que a la información.

A esa pregunta, planteada fuera del contexto de la consulta médica, suelo responder con un enorme y dubitativo «depende». Es evidente que contestar con un «depende» no satisface mucho a la persona que me realiza la pregunta, pero es que, incluso para los profesionales de la salud, no es fácil saber qué probiótico puede ser el más indicado para un paciente concreto. En el buscador PubMed (una web en la que se pueden encontrar los resúmenes de los artículos científicos de las revistas médicas más significativas) hay alrededor de treinta y cinco mil artículos sobre los probióticos y esa cifra va en aumento. Además, hay más de cien mil artículos sobre la microbiota. Y, con tanta información, es difícil mantenerse al día.

Y qué decir de cualquier persona interesada en mejorar su microbiota. ¿Cómo puede saber, entre la gran cantidad de productos que hay en el mercado, cuál es el mejor para ella? ¿Debería hacer caso de los anuncios? ¿O tal vez pedirle a su médico, nutricionista u otro profesional sanitario que le aconseje? ¿O quizá da igual cuál tomar?, si «todos los probióticos son iguales», según algún desinformado.

Pues ni todos los probióticos son iguales ni da igual cuál tomar, si de verdad quieres lograr resultados y exprimir al máximo las propiedades beneficiosas de los microorganismos probióticos.

A partir de ahora, cuando me pregunten qué probiótico tomar, contestaré: «Léete el libro de la doctora Olalla Otero». Porque a esta pregunta y a muchas más nos responde Olalla en este libro. Nos explica qué son los probióticos y por qué son importantes para mejorar nuestra microbiota y nuestra salud. Pero también deja claro que no son un suplemento milagroso que por sí solos nos vayan a curar lo que sea que nos pase. Los probióticos forman parte de una estrategia de abordaje de la salud con una perspectiva integral, de 360° (idealmente con la guía de un profesional actualizado): somos superorganismos humanos, con una mitad microbiana que debemos cuidar. Además, la doctora Otero repasa otras sustancias interesantes para cuidar nuestra microbiota: desde los MAC (la fibra) hasta los polifenoles, pasando por los ácidos grasos omega-3.

Además, responde a muchas de las dudas y preguntas frecuentes que nos llegan a quienes nos dedicamos a la divulgación en el ámbito de la microbiota. También expone cómo es la microbiota de cada parte del organismo con una analogía espacial, con la finalidad de que podamos entender por qué tomar, por poner un ejemplo, un *L. crispatus* puede tener sentido si una mujer tiene problemas con la microbiota vaginal («la flora íntima», dicho coloquialmente), pero alguien con una gastritis necesitará otro tipo de bacteria.

Olalla ha llevado a cabo la ardua tarea de revisar la evidencia disponible para muchísimas cepas de probióticos (tranquilo, también explica qué es una cepa), sus características y en qué situaciones puede interesar tomar una u otra. Ella nos resume esta información tan extensa en la parte del libro en la que nos explica las especies y las cepas. Ese capítulo es todo un documento de consulta para cuando queramos comprobar qué propiedades tiene un producto concreto y para qué enfermedades o problemas de salud puede tener interés un probiótico específico. También podremos comprobar que quizá ese genérico multicepa con chorrocientos millones de bacterias no sea del todo lo que queremos o necesitamos. Encontrarás, además, una tarjeta de identificación —un DNI o un DIM, por documento de identidad microbiano— para las especies de uso más común.

Te invito, pues, a adentrarte en *El revolucionario mundo de los probióticos* de la mano de la doctora Olalla Otero. Hay todo un mundo, no ahí fuera, sino dentro de nosotros, esperando que lo cuidemos como se merece.

Dra. Sari Arponen

Introducción

Un camino hacia la salud crónica

Lorenzo tenía veinticinco años cuando se le hundió el mundo. Yo viví su experiencia de cerca y te lo puedo contar. Hasta ese momento llevaba una vida normal. Comía y bebía de todo, incluidas cosas no muy saludables, descansaba lo justo, tocaba en un grupo y, como buen estudiante, junto con el apoyo de una cafetera siempre llena, sacaba una carrera universitaria adelante.

Faltaba poco para terminar el año 2010. Un día, Lorenzo estaba tan tranquilo estudiando en su casa cuando, de repente, tuvo la imperiosa necesidad de ir al baño. La peor diarrea de su vida, junto con mucha sangre roja, fue el aviso del comienzo del apocalipsis de su vida. Tras varios meses de episodios similares, Lorenzo acabó ingresado en un hospital tras perder veinte de los sesenta kilos que pesaba. Después de mil pruebas llegó la sentencia: colitis ulcerosa.

Lorenzo salió del hospital con su peso pluma, pero esperanzado ante la perspectiva de mejorar con el tratamiento, un par de recomendaciones dietéticas (evitar los fritos y el alcohol) y la lista de la compra: corticoides y mesalazina.

Ya no era un niño, así que desde ese momento, con su medicación bajo el brazo, cumplía a rajatabla las recomendaciones para volver cuanto antes a su vida «normal».

Pero como sabe cualquier persona que sufre una enfermedad inflamatoria intestinal, esto es, supuestamente, imposible.

Durante un año Lorenzo estuvo como en una montaña rusa. Cambios de medicación, comenzaban a acechar síntomas de depresión..., hasta que en una revisión su médico le comentó: «Mira, tu situación no está mejorando. Si esto continúa así, en los próximos meses tendremos que cortar este trocito de intestino y ponerte una bolsa. De momento, te voy a dar unos suplementos probióticos que a algunos pacientes les han ido bien».

Como haríamos todos, nada más salir de la consulta buceó en Google para intentar comprender a qué se refería el médico con lo de «ponemos una bolsa». Pero lo que encontró no fue nada tranquilizador y pasó del llanto a la incredulidad. También buscó la definición de *probióticos*, y en un portal de salud leyó que son unos microorganismos vivos que ejercen una función beneficiosa en nuestro cuerpo. Estaba más perdido que un pulpo en un garaje.

Aun así, Lorenzo decidió no quedarse parado, así que fue a buscar los probióticos que le había recomendado el facultativo. Además, comenzó a leer y leer, y a aprender cada día un poco más —en la actualidad, aún sigue leyendo y aprendiendo — sobre probióticos, dieta sin gluten, dieta evolutiva, almidón resistente, probióticos humanos... Afortunadamente, su formación en ciencia le ayudó a poner en claro y seleccionar las fuentes de información. No todo paciente empoderado tiene esta base.

Lorenzo siguió la pauta probiótica y puso orden en su vida. Actualmente ya no come de todo, sino que ahora estudia las etiquetas de los alimentos, su composición, cuánto azúcar tienen... Hace deporte a diario e incorpora otros hábitos de vida nuevos. Ahora, su perspectiva sobre la salud ha cambiado, pero puede decir que tiene una vida normal.

Diez años después de esa conversación con su médico, la colitis ulcerosa parece ser un recuerdo lejano. Bueno, a veces no tan lejano. Si se pasa con las bebidas fermentadas con alcohol, porque una cervecita ocasional puede caer, la colitis avisa («Oye, que yo sigo aquí»), pero, en general, Lorenzo, con treinta y seis años, se siente ahora con más energía y fuerza que en toda su vida. Desde entonces no toma fármacos. Ahora, después de haberse formado en este ámbito, cuida su microbiota con probióticos, prebióticos y algún que otro micronutriente, como vitamina D3 o magnesio, y presta especial atención a su alimentación.

No estamos solos, ¿sabemos lo que queremos?

El cuerpo humano es una máquina casi perfecta, pero deberíamos recordar que «no estamos solos». Cuidar nuestra salud es cuidar también de la microbiota, el conjunto de microorganismos que nos habitan, pues juntos tenemos una capacidad de resiliencia impresionante. Si ignoramos esto, llegará un momento en el que no podremos resistir los ataques externos que se nos presentan en el día a día.

¿Puede cualquier persona recorrer un camino como el de Lorenzo? ¿Pasar de una colitis ulcerosa u otro problema de salud galopante a un estado de salud crónica? Quizá sí, pero no sola y sin información. La historia real de Lorenzo sólo es un ejemplo de cómo en el tratamiento de una enfermedad crónica los pacientes pueden tomar un papel activo y realizar cambios en sus hábitos de vida. Y también nos muestra que los probióticos pueden ser una de las tantas herramientas que los ayuden en ese camino.

El creciente interés por la terapia con probióticos y su uso cada vez más frecuente no se pueden entender sin los enormes avances en el campo de la microbiota que se han producido en los últimos años. Cada día sabemos un poquito más sobre este conjunto de microorganismos y las grandes implicaciones que tienen en nuestra salud. Prueba de ello es que se habla de la microbiota en foros muy distintos: en la prensa generalista, en cualquier conversación informal entre amigos, en la visita al profesional de la salud de confianza...

De la misma manera, hoy en día muchas personas han tomado un probiótico por una u otra razón. Quizá se lo recomendó la farmacéutica de su barrio o se lo indicó un profesional de la salud actualizado en el estudio y cuidado de la microbiota. Incluso puede ser que un compañero de trabajo le comentara que a él le había sentado fenomenal.

Algunas de estas personas profesarán las virtudes de su consumo y otras los tacharán de inútiles. Y puede que todos tengan algo de razón de forma parcial, ya que bajo la denominación de «probióticos» encontramos algunos productos que podrían clasificarse casi como fármacos y otros que simplemente son microorganismos inocuos para el ser humano, es decir, que no nos producirán un problema de salud, pero tampoco tendrán un efecto terapéutico reseñable.

Coincidirás conmigo en que los probióticos están de moda. Tengo sentimientos encontrados respecto a ello. Por un lado, me alegra que el cuidado de la microbiota preocupe cada vez a más gente, pero por otro entiendo que para cualquier persona puede resultar muy difícil discernir qué información es veraz y cuál no. De toda esta maraña de noticias que recibimos a diario de los medios de comunicación, de las empresas que quieren vender su yogur de turno o de figuras como el influencer-científico que los ama o los odia, ¿a quién o a qué hacemos caso? La infoxicación nos satura, y en el mundo de los probióticos esto se traduce en que no sabemos cuál nos conviene ni cuándo.

En las redes sociales vemos a personajes conocidos dar sus recomendaciones sobre salud. Puede que lo hagan por el «a mí me funciona» o incluso por intereses comerciales, pero quizá no sea adecuado que personas sin formación en el ámbito sanitario y ninguna rigurosidad científica puedan ser prescriptores de productos que, si bien en el caso de los probióticos se pueden conseguir sin receta médica, tienen un impacto en nuestra salud. Otras veces es un profesional sin formación específica en microbiómica quien opina sobre ella con un prejuicio trasnochado. Conozco personas a las que les han dicho en una consulta que «eso de la microbiota es un cuento sin sentido». Todo esto también contribuye a la desinformación y a la confusión de la población.

Con este libro busco arrojar luz sobre un tema que interesa a muchas personas y sobre el que se escribe y se habla mucho. Quizá ayude a los «negacionistas» de la microbiota y los probióticos a cuestionarse su dogma y ahondar en toda la evidencia científica que hay tras ellos y que he tratado de recopilar en estas páginas. Aunque si alguien basa su rechazo a la revolución microbiómica en las creencias, no sé si hará mucho caso de la evidencia.

Como bióloga y un poco «ratilla de biblioteca», siempre me ha gustado cuestionarme el porqué de las cosas, cuál es la base científica de todo lo que tenemos delante. En este caso, me parece importante compartir lo que llevo años leyendo sobre los probióticos y su utilidad en distintos trastornos o patologías. A cualquier persona, esté sanísima o tenga algún problema de salud, le puede interesar saber cómo cuidar su microbiota y conocer una herramienta que cada vez se emplea más, la microbioterapia.

Cómo exprimir este libro al máximo

En este libro encontrarás distintas partes en las que descubriremos juntos las respuestas a las preguntas más frecuentes en torno a los probióticos, su uso, su nomenclatura, su origen y su forma de comercialización.

En primer lugar, aclararé **qué es un probiótico** y todo lo que no puede recibir esta denominación, aunque de forma coloquial a veces se nombran como tal. Además, daré unas pinceladas de **cómo cuidar bien de nuestros bichillos con prebióticos**, el alimento de nuestras bacterias.

A continuación, encontrarás un apartado en el que **se recopilan por patologías o trastornos los microorganismos probióticos que cuentan con evidencia científica para su tratamiento**. Es importante la correcta elección del tipo de probiótico que tomamos, pues esto determina el éxito o el fracaso de la terapia con microbios. Por eso, debemos conocer el DNI de cada cepa, que se refiere a cada subtipo de especie microbiana que utilizamos como probiótico. Te darás cuenta de que no todos los probióticos son iguales. Este punto es crucial, porque la falta de eficacia que algunos atribuyen al empleo de los probióticos se basa, en parte, en meter en el mismo saco cosas que no lo son o deducir que si una cepa no sirve para una cosa, tampoco servirá para otra.

Por último, a modo de recopilación, para los más curiosos traigo **las utilidades de cada cepa con sus respectivos estudios**. Entiendo que no a todo el mundo le gusta, como a mí, conocer todas y cada una de las capacidades de *B. longum* BB536 (no te preocupes, luego te explico quién es este «BeBé»). Pero por si hay más de un friki en la sala, aquí tendrás la información específica sobre muchas cepas. Además, me parece importante dejar claro que la información que te encontrarás a lo largo de todo el libro no me la saco de la manga, sino que se basa en cientos de estudios científicos sobre el uso de los probióticos que están accesibles en las bases de datos.

No hablo de las marcas comerciales que contienen estas cepas porque sino esto se parecería más a un panfleto publicitario y, además, seguro que me olvidaba de alguna. He intentado plasmar sólo la ciencia. Si alguien quiere encontrar un producto comercial que contenga algún microorganismo probiótico de los que voy a hablar, puede buscar en internet y verá que incluso pueden aparecer varias formulaciones que emplean una misma cepa.

La idea de este libro no es que el paciente empoderado elija el probiótico que tiene que tomarse por su cuenta, es decir, que se «automedique». Lo que quiero es que, **si eres paciente**, conozcas las cepas que pueden serte útiles. Con esta información quizá puedas animar al profesional de la salud que te trate a estudiar la opción de la microbioterapia para ayudarte a estar más sano. O, simplemente, que puedas ser más crítico cuando te recomienden un probiótico.

Este libro también pretende ser una ayuda **para los profesionales de la salud que se dediquen al trabajo asistencial**, una dedicación de horas constante que ocupa gran parte de su tiempo. Estas personas tienen que hacer un esfuerzo titánico si quieren estar al día de los usos de cada microorganismo probiótico. Por eso, si eres del gremio, espero que en estas páginas encuentres un apoyo a tu práctica clínica. Ojalá, de corazón, este libro te facilite un poco las cosas.

Te doy la bienvenida a *El revolucionario mundo de los probióticos*. ¿Me acompañas?

1

Probióticos y microbioterapia

1.1. La revolución de la microbiota y los probióticos

El superorganismo humano

¿Qué nos ha permitido avanzar en este vasto campo de la microbiota y los probióticos? Gracias a las actuales herramientas de secuenciación genética conocemos mejor nuestra microbiota. En realidad, lo que conocemos mejor son sus genes, pero de este modo somos capaces de distinguir y cuantificar la abundancia de especies que componen la microbiota. Aun así, queda por identificar una fracción de «materia oscura», material genético que no se corresponde con ninguna bacteria, arquea o virus conocidos.

La fracción de nuestra microbiota que más se conoce y más se ha estudiado hasta hoy es la compuesta por las bacterias.

Tengo que empezar rompiendo algunos mitos, porque me parece importante aclarar ciertos conceptos. No tenemos, como se escucha por ahí, diez células microbianas por cada célula humana. Se estima que son algo menos y que casi estamos a la par: somos un 50 por ciento microbio y un 50 por ciento humano. Por lo tanto, la masa de la microbiota no es de 1 o 2 kilos, sino que se estima que para una persona de unos 70 kilos correspondería a unos 200 gramos. A mí me siguen pareciendo cifras abrumadoras, pues hablamos de billones de microorganismos que nos habitan y realizan funciones importantes en nuestro cuerpo. Nuestra salud depende de ellos y de que cumplan con su papel en el superorganismo humano en las diferentes partes del cuerpo. La microbiota intestinal es la reina de todas, pero también tenemos una microbiota oral, una cutánea o urogenital.

Es cierto que no existe una única composición microbiana saludable, por lo que no podemos afirmar que haya una combinación exacta de bacterias, virus, hongos, arqueas y protozoos que nos aseguren la salud. Esto ocurre porque dentro de la microbiota muchos microorganismos tienen funciones redundantes, es decir, dos bacterias distintas pueden llevar a cabo acciones similares. Imagínate que en una empresa sólo una persona supiera cómo funciona la impresora. No sería muy práctico, ¿verdad? Varias personas pueden llevar a cabo una misma tarea, y lo mismo sucede en la microbiota.

La composición de la microbiota varía por múltiples factores, como el área geográfica, la dieta que seguimos, el tipo de nacimiento, el número de contactos sociales..., pero que tú tengas una configuración microbiana y el habitante de un área rural de África tenga otra diferente no significa que una de las dos no sea funcional.

Por este motivo, se habla de equilibrio, y no de una proporción exacta de microorganismos. Si una microbiota funciona de forma adecuada, podemos decir que es saludable. Debemos tener un mayor número de microorganismos comensales («amigos») que patógenos para mantener ese equilibrio. Además, cuanta mayor diversidad tengamos, mejor responderemos a un contratiempo o ataque, como una infección, un tratamiento farmacológico o simplemente un período de estrés.

Se estima que **más del 90 por ciento de las patologías tienen asociadas un desequilibrio de la microbiota**, lo que se llama una **disbiosis**. En los últimos años se están conociendo más y mejor los patrones microbianos asociados a cada trastorno, es decir, el tipo de desequilibrio o disbiosis de la microbiota que lo caracteriza.

La alteración de la microbiota no siempre es la causa de un problema de salud, pero sí puede contribuir de forma negativa al transcurso de una enfermedad, la respuesta a un tratamiento o simplemente a empeorar la calidad de vida de un paciente, lo que ya es bastante malo.

¿Cómo podemos mejorar nuestra microbiota?

Saber que tenemos microbiota y lo importante que es para nuestra salud es parte del comienzo del camino hacia la salud crónica. Preguntarse por el siguiente paso es lógico. ¿Cómo podemos manipular la microbiota? ¿Cómo modificamos su composición para restaurar el equilibrio perdido?

Hay multitud de herramientas para influir en la microbiota, empezando por los **antibióticos**. Este tipo de sustancias modifican la fracción bacteriana de nuestra microbiota. En muchos casos, su uso puede ser un paso necesario para comenzar a recuperar el equilibrio o eubiosis de la microbiota. Pero si lo piensas bien, un tratamiento antibiótico es como matar hormigas a cañonazos. Estos fármacos no son demasiado específicos a la hora de ejercer su acción antibacteriana, así que van a eliminar a las bacterias enemigas, pero también a los microbios amigos. Por eso, a veces puede ser interesante utilizar antibióticos de tipo herbáceo, que a menudo son más respetuosos con los microorganismos beneficiosos.

Otra forma de actuar en la microbiota es mediante la **alimentación**. De hecho, la dieta es un gran factor modulador de su composición. Los alimentos ricos en **compuestos prebióticos** (el alimento de las bacterias), unos componentes que nosotros no digerimos pero que son fermentados por nuestra microbiota, favorecen el crecimiento de ciertas especies interesantes. Si nuestra alimentación es variada e incluye alimentos prebióticos, nuestra microbiota nos lo agradecerá y nuestra salud mejorará, pues, como veremos más adelante, se producirán sustancias fundamentales gracias a estos prebióticos.

También disponemos de **probióticos**, los verdaderos protagonistas de este libro. Aunque habrá tiempo de hablar de ellos en profundidad, ya os adelanto que no es lo mismo un probiótico con acción terapéutica comprobada que un alimento fermentado (yogur, kéfir, kombucha, etc.). Estos últimos pueden contener microorganismos y así aumentar la diversidad de la microbiota, lo cual suele ser muy deseable, pero no constituyen una verdadera **microbioterapia** de precisión.

Los verdaderos probióticos pueden ser auténticas armas biológicas. Algunos son capaces de contrarrestar microbios que pueden causar problemas de salud, otros producen vitaminas, hormonas, neurotransmisores... Incluso hay algunos que pueden ejercer una acción antiinflamatoria en nuestro intestino y mucho más. Está de sobra estudiada la conexión que existe entre el binomio intestino-microbiota y los órganos distantes como el cerebro, la piel, los pulmones, el hígado, etc. Por lo tanto, podemos mejorar una dermatitis, una infección de orina o incluso influir en el humor ingiriendo probióticos específicos.

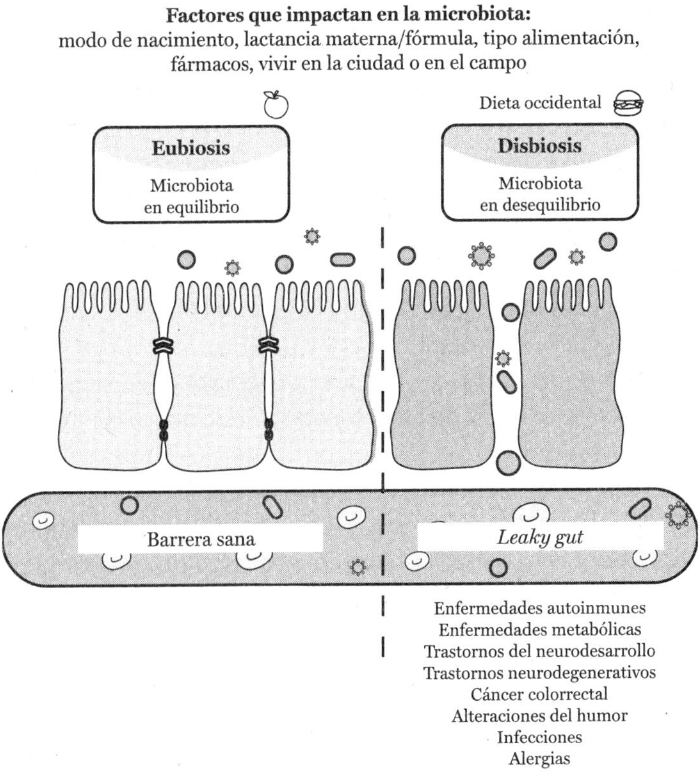

Figura 1. Factores que impactan sobre la microbiota y sus consecuencias. © Nutribiótica

Una «moda» no tan nueva

El interés que tenemos los humanos por incidir sobre nuestra salud con el uso de microbios no es nuevo. En un primer momento se hacía de forma inconsciente e imprecisa con el consumo de alimentos fermentados, pero poco a poco se ha ido averiguando qué microorganismos concretos están detrás de los efectos beneficiosos de muchos fermentados. El objetivo era llegar a una fase más sofisticada y posibilitar el uso de microorganismos perfectamente identificados en cantidades suficientes para obtener una acción terapéutica. Y en este punto nos encontramos hoy en día con los probióticos.

En todas las culturas antiguas se elaboraba algún producto fermentado, aunque lo más seguro es que muchos de ellos surgiesen por casualidad. Quizá un alimento como la leche fue inoculado o contaminado de forma fortuita con microorganismos y el resultado, algo parecido al yogur, permitió conservarla mejor.

En algún momento fuimos conscientes de que la fermentación, además de para conservar o mejorar las propiedades organolépticas de ciertos alimentos, repercutía en nuestra salud. En textos hinduistas de hace tres milenios ya se recoge que el consumo de lácteos fermentados es importante para la salud. Esto se repite a lo largo de la historia en distintas culturas y contextos. Todos los pueblos tienen sus propios fermentados típicos, transmitidos desde tiempos remotos hasta nuestros días. Pero, por desgracia, su consumo es cada vez más esporádico en nuestra sociedad.

En un principio se desconocía qué bichillos concretos se estaban empleando y si podían ser los responsables de esos efectos beneficiosos; de hecho, ni siquiera se conocían los microorganismos. Es a partir del siglo XIX cuando comienza la edad de oro de la microbiología. Entonces, gracias a la mejora de las técnicas de cultivo y microscopía, aumenta el conocimiento de este micromundo. Se identificaron así los agentes causales de muchas enfermedades infecciosas y surgieron las primeras vacunas y los primeros antibióticos.

La historia moderna de los probióticos comienza muy poco después. A las puertas del siglo XX se plantea el uso de microorganismos vivos con fines terapéuticos, pero ya no empleando microbios o fermentados al tuntún, sino conociendo exactamente qué se aporta y para qué.

El francés Henry Tissier fue el primero que planteó el uso de microorganismos vivos para tratar un problema de salud. En 1899, este pediatra del Instituto Pasteur observó que las heces de los niños amamantados con leche materna tenían unas bacterias bífidas —en un alarde de creatividad las llamó bifidobacterias— de las que carecían los niños que sufrían diarrea. Atribuyó la protección que generaba la lactancia materna frente a las infecciones a la presencia de estas bacterias y propuso emplearlas para tratar a los pequeños con diarrea.

Una propuesta similar la planteó el premio Nobel de 1908, el ruso Elie Metchnikoff. Este investigador, cuya imagen es famosa por su barba y su inseparable amigo el microscopio, tenía varias teorías interesantes. Afirmaba que el envejecimiento estaba causado por el crecimiento de bacterias putrefactivas en el intestino. También proponía reducir su presencia a través de ciertos alimentos, ya que, como él apuntaba, los microbios intestinales indeseables podían ser sustituidos por otros beneficiosos. Valiéndose de los trabajos de un médico búlgaro que había aislado la bacteria ácido-láctica que daba lugar al yogur *(Lactobacillus bulgaricus)*, Metchnikoff propuso combatir la senescencia, entre otras cosas, consumiendo de forma regular este microorganismo. Como anécdota te diré que entre sus otras propuestas para una vejez saludable planteaba vivir en un ambiente tranquilo con aire puro, dormir suficientes horas, estimular la mente y evitar el alcohol. Vamos, que bien podría ser la recomendación que nos daría hoy cualquier profesional de la salud.

Pero el avance en el conocimiento de los microorganismos probióticos no se acaba aquí. Durante la Primera Guerra Mundial, los soldados no sólo caían víctimas del gas o las balas del bando contrario, sino también por la disentería.[1] El Dr.

1. Disentería: cuadro de diarrea grave en el que las heces pueden contener sangre o mucosidad.

Alfred Nissle observó que algunos soldados mostraban resistencia a una brutal diarrea que, sin embargo, sí afectaba a sus compañeros. Para entender qué ocurría, estudió las heces de los individuos resistentes y aisló una cepa de *Escherichia coli* (que posteriormente se llamó *E. coli* Nissle 1917) que presentaba una potente acción antagónica frente a las bacterias intestinales patógenas. Es decir, tener esta cepa en los intestinos ayudaba a luchar frente al microbio que provocaba la diarrea, la bacteria *Shigella*. El Dr. Nissle patentó el descubrimiento y elaboró un producto probiótico a base de la famosa cepa, Mutaflor®, que aún sigue comercializándose.

Algo parecido le ocurrió en 1923 al microbiólogo francés Henri Boulard. Estando de viaje en Indochina, Boulard vivió una epidemia de cólera y observó que los lugareños que tomaban una bebida elaborada con la piel del lichi y del mangostán no enfermaban. De estos frutos se aisló el microorganismo responsable de la protección contra esa epidemia, la levadura *Saccharomyces boulardii*. A su regreso a Francia, Boulard se llevó consigo el cultivo de esta levadura, que estudió durante décadas y patentó como microorganismo probiótico.

Incluso los trasplantes de microbiota fecal, que nos pueden parecer una novedad, no lo son tanto. En el siglo XVI, durante la dinastía Ming, se popularizó en China un brebaje que ya se había usado siglos atrás llamado sopa amarilla. Este preparado, a base de heces de bebés y seguramente cargado de bifidobacterias, se empleaba para tratar las diarreas severas y las intoxicaciones alimentarias. Durante la Segunda Guerra Mundial, los soldados alemanes en África observaron —me imagino que con sorpresa— cómo los beduinos utilizaban las heces frescas de camello para tratar la disentería. De hecho, este remedio sólo funcionaba si las heces estaban frescas, porque de otro modo los microorganismos no estaban activos.

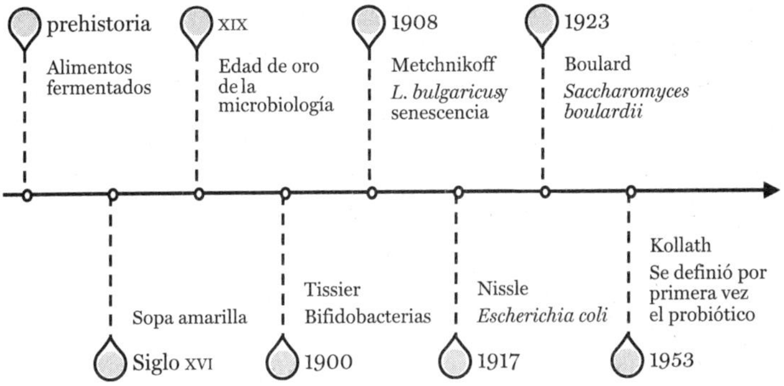

Figura 2. Cronología de los hitos históricos relacionados con los probióticos. © Nutribiótica

Afortunadamente, hoy tenemos fórmulas más sofisticadas y menos repugnantes para tratar estos problemas. Conocemos los beneficios de muchos microorganismos probióticos, lo cual nos permite formular productos probióticos que podemos usar para aplicar la microbioterapia de precisión. Lo que queda claro es que modificar la microbiota con microorganismos vivos no es algo tan nuevo. La primera vez que se empleó el término *probiótico* fue en el año 1953, de boca del bacteriólogo alemán Kollat, pero el concepto en sí es incluso más antiguo, como hemos visto. Todo el conocimiento que tenemos actualmente sobre los probióticos se basa en la ciencia más básica que lleva haciéndose desde hace más de cien años. Para que luego hablen de «moda».

Somos unos privilegiados si podemos emplear estas herramientas para mejorar nuestra calidad de vida. Y para ello sólo necesitamos conocer un poco mejor este revolucionario mundo de los probióticos.

1.2. Conceptos básicos sobre los probióticos

¿Qué es un probiótico?

Para empezar a hablar de los probióticos, primero hay que saber qué son. Veamos cómo los define la Organización Mundial de la Salud (OMS):

> **Microorganismos vivos que, cuando se administran en las cantidades adecuadas, confieren un beneficio para la salud de quien los consume.**

Esta última parte es especialmente importante, porque la organización sanitaria nos advierte de que no podrán entrar en la categoría de probióticos los productos con microorganismos inactivados o con cantidades insuficientes de los mismos. Y tampoco podrán ser considerados como tales los microorganismos sobre los que no hay evidencia de su efecto beneficioso.

Lo más habitual es que se empleen como probióticos bacterias de los géneros *Lactobacillus* y *Bifidobacterium* o levaduras como *Saccharomyces boulardii*. Son los más conocidos y los más estudiados.

Formular un probiótico no es una cuestión sencilla. Como vemos, no vale cualquier microorganismo ni añadir una cantidad aleatoria. Por eso, aunque no se comercialicen como fármacos, **los productos probióticos deben pasar por una serie de controles para garantizar que son seguros para el consumo humano.**

Por ejemplo, una de las cuestiones a comprobar y que tiene mucho que ver con uno de los grandes retos de la medicina actual es si los microorganismos contienen genes de resistencia a los antibióticos, unos genes que pueden ser transmitidos de unas bacterias a otras.

La resistencia a los antibióticos es un peligro de salud pública que preocupa, y mucho, a la comunidad científica. Cuando una bacteria se hace resistente a un antibiótico, puede «entrenar» a otras diferentes y transmitirles la capacidad de resistencia, impidiendo al antibiótico ejercer su efecto. Es como si unas bacterias echaran una mano a otras: «Mira, ese antibiótico te puede matar a ti, a tus hijos y a los hijos de tus hijos, pero yo te voy a dar un escudo con el que te podrás defender».

El organismo encargado de realizar este control sobre los microorganismos para cerciorar su seguridad es la European Food Safety Authority (EFSA), una institución que, a nivel europeo, se encarga de regular toda la formulación de los complementos alimenticios. Gracias a la EFSA sabemos cuáles son los microorganismos «seguros» (*Qualified Presumption of Safety*, QPS) y cuáles no han superado esos controles previos.

Además de la seguridad, **el objetivo es que el probiótico realice acciones beneficiosas para el ser humano**. Y para eso tiene que cumplir una serie de requisitos más que marcarán la diferencia entre un probiótico útil y otro que no valdrá para conseguir mejoras en la salud.

La cepa

Para elegir el probiótico adecuado a cada caso es importante conocer la cepa. Aunque esta palabra nos pueda evocar un viñedo con uvas madurando al sol, en este contexto estamos hablando de otra cosa. Vamos a ver a qué se refiere este término.

Cualquier organismo se nombra con dos palabras, el género y la especie; por ejemplo, *Lactobacillus acidophilus*.

Y muchas veces verás el género abreviado: *L. acidophilus*. Los organismos probióticos son los burgueses de la microbiología y, a falta de un apellido, quisieron tener dos. En su caso, se añade un código alfanumérico que nos indica la cepa exacta (por ejemplo, *L. acidophilus* LA-14). ¿Por qué es importante este numerito? Por la sencilla razón de que **dentro de una misma especie pueden darse diferencias genéticas entre sus cepas**, lo que conlleva que algunas de sus propiedades o de las acciones que realizan sean distintas, como te iré explicando a lo largo del libro. Veámoslo con un ejemplo.

El año 2021 lo recordaremos, entre otras muchas cosas, por tener un verano con unas olimpiadas desfasadas en su nombre. Durante las tardes, o incluso las madrugadas, de julio y agosto todos estuvimos pegados al televisor para disfrutar de los Juegos Olímpicos de Tokio. A mí, que soy gallega, me hizo disfrutar más que nadie nuestra paisana de Ribeira, Ana Peleteiro, atleta que pulió récords en su disciplina. Otra gran deportista vecina de mi tierra, Lydia Valentín, también formó parte de la expedición olímpica que representó a nuestro país. ¿Su mérito? Nada más y nada menos que levantar 200 kilos de peso.

Tanto Ana como Lydia son deportistas. Podríamos decir que son miembros de la misma especie,[2] pero Ana se dedica al atletismo y Lydia a la halterofilia. Por lo tanto, aunque ambas tienen particularidades comunes como deportistas (son de alto rendimiento, entrenan, acuden a competiciones...), no tienen la misma especialidad. Ni Ana podría levantar tantos kilos a sus espaldas ni Lydia podría batir una marca de triple salto.

2. Los niveles de sedentarismo han llegado a tal nivel en nuestra sociedad, que podemos llegar a hablar de la especie *Homo sapiens deportistus* vs. *Homo sapiens sedentarius*.

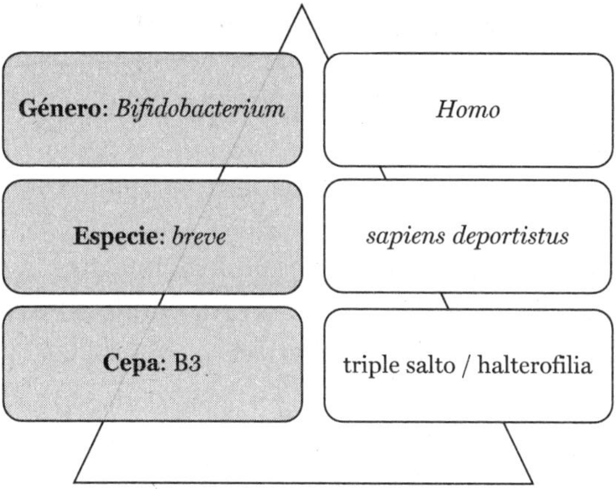

Figura 3. Categorías taxonómicas: género, especie y cepa.
© Nutribiótica

Con las cepas probióticas ocurre algo similar. Aunque pertenezcan a la misma especie pueden tener cualidades distintas, las cuales debemos conocer y estudiar para poder usar correctamente los probióticos. Hay laboratorios que tienen más de quince productos a base de probióticos diferentes en su vademécum, precisamente porque conocen muy bien las cepas y crean combinaciones específicas para casos distintos.

Pensemos, por ejemplo, en *Bifidobacterium breve*. Hay una cepa de esta especie, la B3, que ha demostrado influir sobre los niveles de triglicéridos en sangre, reduciéndolos y ayudando a normalizar su valor. Pero esa propiedad sólo se ha demostrado científicamente en la B3, no en la especie completa.

¿Te está pareciendo complejo? Pues espera, que ahora vas a descubrir las cepas gemelas. Como si se tratase de las dos niñas vestidas de azul de *El resplandor*, dos cepas distintas pueden ser iguales, es decir, sinónimas, gemelas. Esto sucede cuando estamos ante dos cepas genéticamente idénticas pero que han sido aisladas de dos orígenes distintos. Éste es el caso de *Lacticaseibacillus rhamnosus* GG, que es exactamente la misma cepa que *L. rhamnosus* SP1.

¿Por qué nos interesa saber esto? Por algo mucho más amable de lo que nos trae al recuerdo la película de Kubrick. Cuando encontramos un estudio que demuestra la utilidad de una de las cepas en un trastorno, podemos extrapolar esos beneficios también a la otra cepa. Maravillas de la microbiología.

Pero ¡cuidado!, no todo es de color de rosa en el micromundo que habita a nuestro alrededor. Entre nuestras bacterias existe también un mecanismo de competencia que puede llevarlas a rivalizar entre sí y restarse eficacia unas a otras. Por eso, aunque podría servir de reclamo comercial barato poner en la cajita de un producto probiótico que contiene una «formulación multicepa supercompleta», no es, ni mucho menos, algo deseable. Ahora que conocemos los mecanismos de acción de las cepas probióticas, los laboratorios serios formulan sus productos utilizando la microbioterapia de precisión.

Si seleccionamos correctamente unas pocas cepas específicas, podremos lograr un producto con el que influir realmente de manera precisa en el ecosistema microbiano. Algunas cepas se seleccionarán por su capacidad de producir bacteriocinas (proteínas con acción antimicrobiana muy específica) frente a un patógeno, y otras nos interesarán porque facilitan la digestión o fabrican alguna vitamina o neurotransmisor interesante. Es decir, hemos afinado la diana.

La microbioterapia de precisión nos permite decidir con toda la evidencia científica de la que disponemos y la experiencia de la práctica clínica de miles de profesionales qué producto probiótico usar en función de lo que necesita un paciente, adaptando los tratamientos de la manera más individualizada posible.

La cantidad: Unidades Formadoras de Colonias (UFC)

Como ya hemos visto, identificar la cepa de una bacteria es fundamental, pero en la naturaleza, como en la vida, es difícil llegar lejos si vamos solos. Una bacteria sola o una pequeña población de ellas no conseguirán realizar todas las funciones que nuestro organismo requiere. Los microorganismos son seres que aman las multitudes, y por eso sólo saben desarrollar todo su potencial si se sienten acogidos por ellas.

Las siglas UFC que se pueden leer en las cajitas de los productos probióticos hacen referencia a la expresión «unidades formadoras de colonias». **Es la medida con la que nos referimos a la cantidad de bacterias vivas que contiene un producto probiótico**, ya que de cada célula microbiana viva se formará una colonia. Una colonia bacteriana es una población de células que surge de una sola bacteria y es visible en una placa. Quizá te suene la típica imagen de laboratorio de una placa llena de puntitos. Pues cada uno de esos puntitos es una colonia.

Muchos países establecen un mínimo de unidades formadoras de colonias para las formulaciones probióticas, que suele ser de 1×10^9 (1.000.000.000 UFC). Por lo general, las acciones que llevan a cabo los probióticos son dependientes de las dosis, así que es fundamental conocer las unidades formadoras de colonias que contiene cada producto.

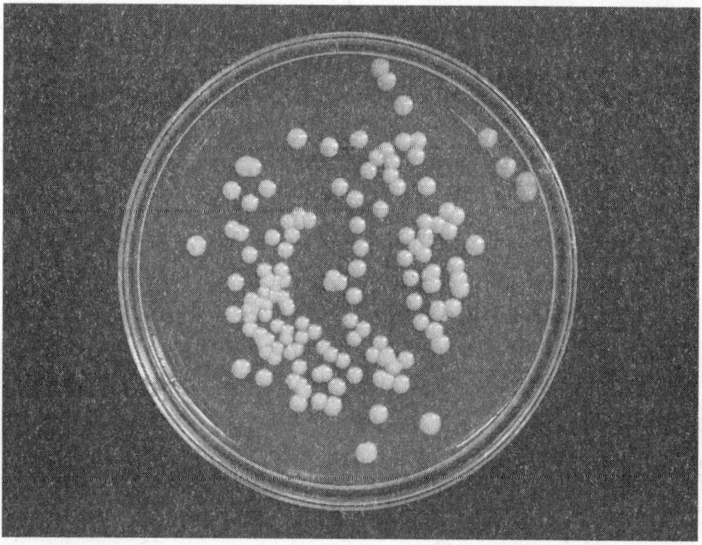

Figura 4. Colonias creciendo en una placa de cultivo.
© Shutterstock

El origen: de humano a humano

Hemos coevolucionado durante decenas de miles de años con nuestra microbiota. Los microorganismos que la forman son parte de nuestra existencia y se han ganado su espacio tras miles de años, por eso nuestro sistema inmunitario es tolerante con ellos. Se les llama microorganismos comensales o autóctonos.

¿Compartimos los mismos habitantes intestinales con nuestras amigas las vacas? Pues, no. Estos animales también tienen su microbiota, pero no es la misma que la nuestra. Igual que nosotros, las vacas han coevolucionado con sus microorganismos autóctonos a lo largo de su historia evolutiva y por eso tienen una comunidad bacteriana propia, asentada y compuesta por bacterias concretas que las ayudan a ser vacas saludables.

Es verdad que podemos compartir microorganismos con otras especies como la vaca, pero las condiciones de crecimiento no son las mismas en ambos casos. La temperatura corporal o las condiciones del pH del intestino son distintas en el ser humano que en la vaca.

Cuando hablamos de la derivación de un probiótico, nos referimos al origen de sus cepas, es decir, indicamos de dónde se han obtenido. Según los productos que hay en el mercado, podemos estar ante microorganismos de origen humano, de procedencia bovina e incluso obtenidos de suelos. Teniendo en cuenta lo que hemos explicado antes, es fácil entender que los probióticos de otros orígenes no van a encontrar su hábitat óptimo en nuestro intestino y, por lo tanto, tendrán dificultades para crecer en el tracto gastrointestinal de un ser humano.

Sin embargo, **cuando seleccionamos probióticos con cepas de derivación humana, estamos aportando algo conocido a nuestro organismo**, algo que forma parte de nuestra comunidad bacteriana, de esa familia que hemos ido conformando a lo largo de años y años de evolución, mano a mano con nuestros minúsculos aliados. Son como viejos amigos.

Ante esta cuestión, es normal que te asalte una pregunta. ¿De origen humano? Pero ¿y eso de dónde sale? ¿Las bacterias se «toman prestadas» directamente del colon de una persona? Pues, sí y no. En un primer momento las bacterias se obtienen de muestras o biopsias humanas, pero se conservan en cepotecas, algo así como bancos de semillas a los que se puede acudir en busca de una cepa concreta con la que crear la combinación precisa que necesita nuestro jardín microbiano para crecer sano, fuerte y diverso.

Para que una cepa realice la acción beneficiosa por la cual la hemos seleccionado en el área de colonización que nos interesa (la boca, el estómago, el intestino o el tracto genitourinario), debe llegar hasta allí viva. En el viaje que emprenden las bacterias del probiótico desde que las ingerimos hasta su destino, se encontrarán, como antiguos aventureros, con mil y un obstáculos por salvar. La investigación científica ha sabido cómo solventarlos y garantizar que nuestra expedición microscópica aterrice sin bajas en el lugar deseado.

Inicialmente se confeccionaron los conocidos como probióticos de **primera generación**, en los que se utilizaba un proceso denominado **liofilización** que permitía separar la bacteria del sustrato de cultivo en el que se almacenaba. La liofilización es un proceso de deshidratación, como una especie de hibernación, que deja a la bacteria «dormida» hasta llegar a nuestro sistema gastrointestinal. Una vez allí, despierta. Sin embargo, este proceso es muy delicado, ya que los microorganismos liofilizados están «desnudos», y exige que en ningún momento el producto probiótico salga de una horquilla de humedad de entre el 2 y 5 por ciento.

En las siguientes generaciones tecnológicas siguen estando las células liofilizadas, pero, como veremos, se añade una protección.

La **segunda generación** de probióticos se conoció con las siglas DDS, de *Drug Delivery System*, un método que la comunidad científica desarrolló para proteger el contenido de la cápsula probiótica de la acidez gástrica. Para ello, en las cápsulas se incluyó una especie de «capa de barniz» que permitía conseguir esa **gastrorresistencia**. Todo parece estar resuelto, ¿verdad? Parecía que sí, pero con la ley hemos topado. Por imperativo legal, actualmente este sistema sólo puede utilizarse en los fármacos, y recuerda que los probióticos no tienen esta categoría, sino que se comercializan bajo el epígrafe de «complemento alimenticio».

Esto motivó a la industria a seguir buscando soluciones. Fue entonces cuando llegó **la microencapsulación, que dio lugar a los probióticos de tercera generación**. Con este proceso se revestía el probiótico liofilizado con un contenido gelatinoso que, al secarse, creaba un revestimiento individual gastrorresistente. El avance fue abrazado por la comunidad científica. ¡Se había conseguido que el probiótico resistiese la acidez estomacal, la temperatura, la presión mecánica y la humedad! Parecía que podía llegar en perfectas condiciones al intestino, pero no es oro todo lo que reluce. Como explicábamos antes, el número de unidades formadoras de colonias es fundamental en un probiótico, y con este revestimiento individual es difícil conseguir uniformidad, pues cada microcápsula podría contener desde cientos de miles a sólo varias unidades formadoras de colonias.

En los últimos años, el avance ha sido muy notable en lo que se refiere a la conservación de las bacterias en las formulaciones probióticas. Por eso, hoy ya podemos hablar de los probióticos de **cuarta generación**, los más innovadores que se pueden encontrar en el mercado por la manera en la que se han fabricado. En este caso, hablamos de productos cuya composición la forman cepas probióticas seleccionadas y reproducidas mediante cultivo industrial que cuentan con una **doble cobertura**. La primera capa de protección es proteica y su acción es dependiente del pH. En los valores habituales de acidez que encontramos en el estómago tras las comidas (un pH de entre 2 y 4), las cepas están protegidas y se van liberando cuando llegan al intestino y encuentran un ambiente más alcalino (un pH de 6-7). La segunda capa de la cobertura está formada por polisacáridos y confiere protección frente a la humedad, la temperatura y el estrés mecánico. La

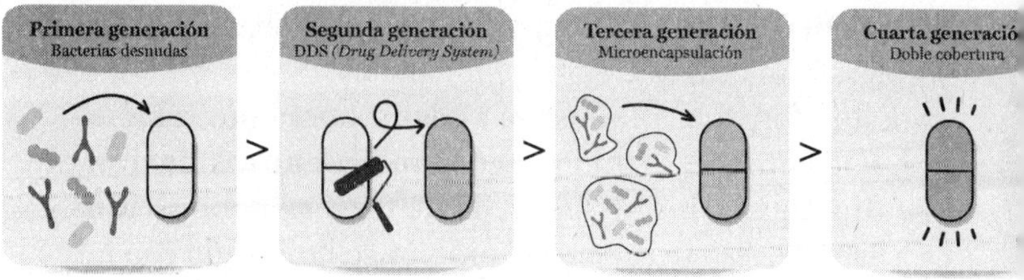

Figura 5. Diferencias entre las generaciones tecnológicas.
© Nutribiótica

doble cobertura de las cepas de cuarta generación permite que sean resistentes y que estén especialmente activas allá donde tienen que actuar.

Vida útil

Otro concepto a tener en cuenta cuando se elige un probiótico es la vida útil, es decir, **el tiempo durante el cual se garantiza que está presente el número de células vivas o unidades formadoras de colonias declaradas en el envase**. Es algo así como una fecha de consumo preferente o de caducidad. El producto no se estropea ni va a producir una intoxicación, pero puede perder eficacia pasada esta fecha. A continuación, te explico el porqué.

Las cepas probióticas suelen estar liofilizadas, que tal y como explicamos antes significa que se encuentran en un estado de latencia o durmiente, hasta que al ser ingeridas recuperan la humedad y se activan.

Aunque estén inactivas, estas células liofilizadas siguen estando vivas, pero poco a poco esta viabilidad se va perdiendo. ¿Cómo se soluciona este problema? Normalmente, de inicio se añaden más unidades formadoras de colonias de las indicadas, para asegurar que a la fecha de caducidad tengamos exactamente la cantidad de microorganismos viables que se declaran en el envase.

Formato de presentación

En sobres, tabletas, cápsulas, líquidos con sabor a fresa... Ir a la farmacia y preguntar por los probióticos es como recibir un mismo alimento envasado de diez maneras diferentes. Pero ¿cuál es mejor? Cada una de estas presentaciones tiene sus ventajas e inconvenientes.

Si bien las **tabletas** permiten incluir en una sola dosis una gran cantidad de microorganismos probióticos, éstos deben ser muy resistentes para poder superar la presión que se emplea a la hora de fabricar estos comprimidos. Esta forma de presentación tampoco es adecuada para las bacterias anaerobias estrictas, es decir, aquéllas que no pueden vivir en contacto con el oxígeno.

Otra forma de presentación muy empleada son las **cápsulas**. Aunque la cantidad de unidades formadoras de colonias está más limitada que en las tabletas, en las cápsulas **se preserva mejor la viabilidad de las cepas**. Hoy en día, las cápsulas suelen ser de gelatina de origen animal, ya que son más resistentes que las vegetales, lo cual puede suponer una limitación para los veganos y vegetarianos.

Los probióticos **en sobre** permiten incluir una **cantidad elevada de microorganismos y preservarlos adecuadamente**. Por tanto, esta forma de presentación comparte muchas de las utilidades de las cápsulas, pero su **coste es mayor**.

Con respecto al **formato líquido**, puede suponer una ventaja para las personas con dificultades de deglución como, por ejemplo, ancianos o niños pequeños que no pueden tragar una cápsula; sin embargo, presenta algunas limitaciones. Al no emplear la liofilización, las cepas van a estar activas y resulta más complicado preservarlas durante períodos largos. Es especialmente complicado formular un probiótico a base de bifidobacterias en este formato, ya que son microorganismos anaerobios estrictos y, como indicamos antes, van perdiendo viabilidad a medida que entran en contacto con el oxígeno. Además, para solucionar los problemas de deglución ya tenemos la posibilidad de los sobres.

1.3. Dificultades de los estudios con probióticos

Si algo hemos aprendido a lo largo de la pandemia del coronavirus es cómo funciona el método científico. Los estudios son fundamentales para descubrir novedades médicas con las que diseñar tratamientos más efectivos, fármacos mejor formulados, pautas más adecuadas para las patologías actuales...

Cuando se trata de leer los artículos sobre la investigación con probióticos, nos encontramos con grandes dificultades. En muchos casos, no se especifica la cepa con la que se ha llevado a cabo el ensayo y, como ya comentamos anteriormente, eso no es útil, dado que hay funciones que son específicas de cepas concretas y que no se pueden extrapolar. En otros, se utilizan combinaciones multicepa que nos impiden conocer qué acción concreta lleva a cabo cada una de ellas.

Por otro lado, factores como la dieta o el estado inicial de la microbiota de los pacientes a estudiar pueden hacer que un probiótico no tenga el mismo efecto en dos individuos distintos.

Pero las dificultades van todavía más allá. Es complejo predecir cuál será el efecto que se conseguirá en el ecosistema microbiano al aportar una cepa. Muchas veces se suplementa con una sola cepa a una persona y los análisis de microbiota fecal tras el tratamiento detectan el incremento de otras muchas especies, no sólo de la que se aporta. Debemos entender que las interrelaciones y los procesos que se dan en nuestro micromundo interior tienen una complejidad enorme.

Mi amiga Carmen organiza fiestas y eventos de todo tipo. Imagínate que llevara un par de semanas organizando una fiesta para un pequeño ayuntamiento, con su lista de invitados, el menú, el protocolo de vestimenta y toda la demás parafernalia (reconozco que no me interesa mucho la organización de fiestas), y que, de repente, le llamara el alcalde para contarle —todo contento— que al evento asistirá un VIP como la reina, un ministro o la marquesa de Pompadour. Se le trastocaría gran parte de la organización y tendría que retocar muchas cosas por una sola persona, ¿verdad? Pues lo mismo pasa con la microbiota: una única cepa puede modificar todo el ecosistema.

Antes, cuando hablábamos de los productos probióticos multicepa, que presumían de llevar un cóctel imposible de microorganismos y que ya han caído en desuso, hablábamos de la competencia entre las bacterias. Ahora, para entender esa posible reacción en cadena que se puede producir con la administración de una cepa concreta sobre el resto de «pobladores» de nuestro intestino, hablaremos de dos fenómenos: el *cross-feeding* y el *crosstalk*. Suena complicado, así que vamos a ver en qué consisten con un par de ejemplos.

En el *cross-feeding*, del mismo modo que sucede en una cadena de producción industrial, una bacteria consume un sustrato (por ejemplo, inulina) y, como desecho, da lugar a carbohidratos más simples (fructosa), que son aprovechados por otros microorganismos para crecer. Gracias a este tipo de interacción, se va creando una comunidad estable de microorganismos. Por ejemplo, una bifidobacteria puede fabricar acetato y decirle a una *Roseburia intestinalis*: «Toma, he hecho esto para ti». La *Roseburia*, agradecida, se pone a fabricar butirato (del que hablaremos en otro capítulo).

Por su parte, el *crosstalk* implica la comunicación entre células. Imagina un plató de televisión en el que hay muchas personas (en el caso de la microbiota, muchas células) que se comunican y coordinan para llevar a cabo un trabajo común. Vemos guionistas, productores, técnicos de sonido, personal de vestuario y un largo etcétera, cada uno con su tarea concreta pero bien organizados, para que el programa se emita correctamente. Lo mismo sucede en nuestro micromundo interior. Mediante esta comunicación, unos miembros de nuestra microbiota envían señales a otros, incluso se comunican con las células humanas, y pueden influir en su crecimiento y en su actividad.

Aun con todas estas dificultades, el método científico ha sido capaz de demostrar la utilidad de innumerables cepas probióticas en distintos trastornos o patologías. Y, gracias a todo este conocimiento, se puede llevar a cabo la microbioterapia de precisión.

1.4. La familia de los probióticos: sus hermanos, sus primos, sus sobrinos...

Hoy en día se ha especializado tanto el uso de los probióticos que surgen nuevas denominaciones en función de su aplicación. Con esto se ha construido una especie de familia, gracias a la cual los probióticos tienen ahora, en su más amplio sentido, primos y hermanos.

Los investigadores irlandeses Dinan y Cryan acuñaron el término **psicobiótico** para denominar a las cepas probióticas que, en cantidades adecuadas, producen un beneficio para la salud mental de los pacientes. Para este fin se seleccionan cepas capaces de producir sustancias neuroactivas. Un término algo más amplio es el de los *neuropsicobióticos*, empleado en varias ocasiones por la Dra. Sari Arponen, médica internista experta en microbiota y autora del *best seller ¡Es la microbiota, idiota!* En este caso, hablaríamos de cepas seleccionadas que, además, ayudarían en procesos neurodegenerativos.

El término **inmunobiótico** hace referencia a las formulaciones de cepas que tienen una acción moduladora de la respuesta del sistema inmune. Pueden ser interesantes, por ejemplo, para mejorar la capacidad de nuestras defensas para luchar contra virus respiratorios. También se puede escuchar la palabra **oncobiótico**, que es un tipo de probiótico empleado como adyuvante en la prevención o el tratamiento del cáncer. Algunas cepas de *L. casei* pueden recibir esta denominación, pues se ha demostrado su actividad antiproliferativa. Muy recientemente ha surgido la denominación de **gerobióticos**, que hace referencia a aquellos probióticos que contrarrestan los fenómenos inflamatorios y de senescencia asociados al envejecimiento. En general, las bifidobacterias, y particularmente *B. longum* BB536, podrían considerarse dentro de esta categoría.

Cuando en una misma formulación se incluye, además de cepas probióticas, alguna sustancia prebiótica como el almidón resistente para favorecer el crecimiento de estos microorganismos beneficiosos, estamos ante un **sinbiótico**. No debemos confundir los términos *sinbiótico* y *simbiótico*, aunque reconozco que no es fácil, pues haciendo una búsqueda en Google nos aparecen como sinónimos e incluso el buscador nos sugiere la palabra *simbiótico*. El término *simbiótico* hace referencia a la relación de convivencia y beneficio mutuo entre dos organismos. En cambio, en el caso de la palabra *sinbiótico* el prefijo procede del griego συν *(syn)*, que significa *unión*, y define correctamente a esos productos que aúnan prebióticos y probióticos, por lo que resulta conveniente distinguir ambos conceptos.

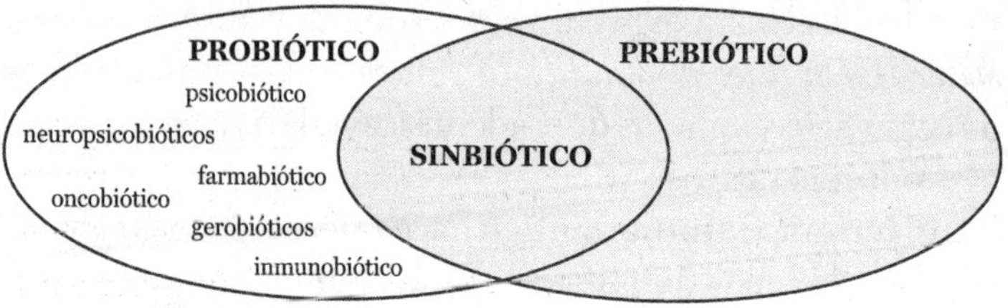

Figura 6. Probióticos, prebióticos y sinbióticos.
© Nutribiótica

La agencia estadounidense que regula los medicamentos y alimentos, la FDA (Food and Drug Administration), reconoce desde 2012 la categoría de **farmabióticos** y los define como microorganismos vivos con seguridad y eficacia terapéutica demostradas en ensayos clínicos. A diferencia de los probióticos, considerados complementos alimenticios, la regulación de los farmabióticos es igual a la de cualquier fármaco. El Directorio Europeo para la Calidad de los Medicamentos y de los Servicios Sanitarios aceptó oficialmente estos «productos bioterapéuticos vivos» para su comercialización en 2019.

Hay miles de especies distintas de microorganismos en nuestra microbiota, pero los más utilizados como probióticos son las bacterias, como los lactobacilos y las bifidobacterias, y la levadura *Saccharomyces boulardii*. En la figura 7 se resumen las especies más empleadas y las más prometedoras, los probióticos de nueva generación. Si tienes más curiosidad, en el capítulo 4 encontrarás las utilidades de cada una de ellas.

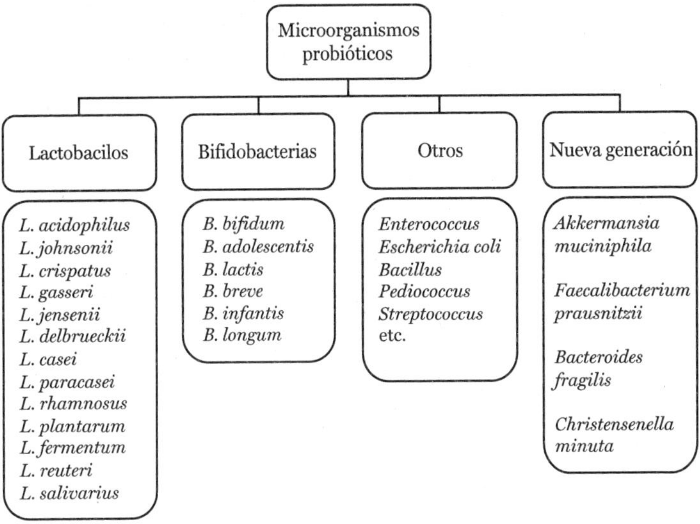

Figura 7. Especies probióticas más empleadas y más prometedoras: los probióticos de nueva generación.

© Nutribiótica

2

Más allá de los probióticos

2.1. Los prebióticos: mucho más que fibra

Aunque ya hemos hablado un poco de los probióticos, para entender qué son y cómo influyen en nuestra microbiota, también debemos tener en cuenta que no son la única herramienta con la que interceder en la composición de nuestro ecosistema intestinal.

La dieta es uno de los grandes moduladores de la microbiota; en función de lo que comamos, así será la composición de nuestra microbiota. Por tanto, cuidar nuestra alimentación resulta vital para nuestro organismo y en ella no pueden faltar los alimentos prebióticos.

Si a una microbiota «ideal» no le aportamos los nutrientes que necesita, deja de funcionar bien. Es como una fábrica. De nada vale tenerla bien dotada con personal y máquinas si se le corta el suministro de materias primas. La producción no puede salir adelante y quizá se despidan trabajadores. Si no alimentamos bien a nuestra microbiota, inevitablemente su trabajo fallará y perderemos algunos de sus miembros.

Pero más allá de su composición, la relación entre la microbiota y la dieta radica en las funciones que la primera realiza. Nuestra microbiota es fundamental para que podamos digerir ciertos alimentos. El ser humano tan sólo cuenta con unas veinte enzimas para degradar azúcares complejos, por lo que necesitaremos que nuestra microbiota despliegue toda su capacidad enzimática.

Antes te mencionaba los alimentos prebióticos. Cuando se habla de prebióticos puede que nos venga a la mente la fibra, pero no toda la fibra se puede considerar prebiótica y, dentro de los prebióticos, encontramos otro tipo de moléculas que nada tienen que ver con ella. Hay fibras que aumentan la cantidad de las heces, pero que no sirven de comida para nuestras bacterias, y hay sustancias como el resveratrol de la uva, que, aunque no es una fibra, sí tiene un efecto prebiótico. Como ves, todo siempre es más complejo de lo que parece.

Los **prebióticos** son sustancias que la microbiota emplea de forma selectiva y que confieren un beneficio para la salud del hospedador. Para poder considerar un alimento como prebiótico debe resistir el ácido del estómago, no ser digerido por nuestra «maquinaria enzimática» y no ser absorbido en el tracto gastrointestinal. Pero sí debe poder ser fermentado o degradado por la microbiota y favorecer el crecimiento o la actividad de ciertos microorganismos que realizan funciones beneficiosas. Digamos que son el alimento de nuestras bacterias.

La mayor parte de las sustancias prebióticas son carbohidratos, es decir, moléculas complejas formadas por unidades de algún azúcar (glucosa, fructosa, galactosa, etc.). Dependiendo del tipo de enlaces que unan esos azúcares, de su longitud y de la cantidad de ramificaciones que tengan, serán degradados por unos u otros microorganismos. Cada uno de los miembros de nuestra microbiota cuenta con una especie de herramienta (sus enzimas) para degradar los carbohidratos: unos tienen sólo una llave allen, otros un destornillador de estrella y algunas bacterias, las más versátiles fermentando distintos tipos de fibra, cuentan con una caja de herramientas completa que les permite degradar todo lo que se les ponga por delante. Cuando alguno de los habitantes de nuestro intestino fermenta estos **carbohidratos accesibles a la microbiota** (*Microbiota Accessible Carbohydrates*, MAC), genera sustancias tan interesantes como los ácidos grasos de cadena corta.

Existe otro tipo de fibra, la no fermentable, que va a atravesar todo el tracto intestinal sin ser degradada por nuestras enzimas digestivas ni por parte de la microbiota. Por lo tanto, esta fibra no se puede considerar como prebiótica, pero esto no significa que no sirva para nada, pues tiene la capacidad de aumentar el volumen de las heces y favorecer el tránsito intestinal. Y esto resulta especialmente importante porque siempre es preferible que las sustancias de desecho se queden poco tiempo dentro de nosotros.

¿Dónde encontramos prebióticos?, te preguntarás. Pues en muchos alimentos de origen vegetal e incluso en la leche materna. Este primer alimento que recibimos en la infancia contiene, entre otros muchos compuestos, sustancias que actúan como prebióticos. Se trata de los **oligosacáridos de la leche materna**, también conocidos como HMO *(Human Milk Oligosaccharides)*, que van a ser digeridos de forma específica por ciertos microorganismos, como las bifidobacterias, y favorecen su crecimiento. Que la leche materna contenga sus propios prebióticos es una de las razones de que las bifidobacterias sean tan abundantes en los bebés amamantados y de que la lactancia materna, frente a la de fórmula, sea mucho mejor para la microbiota del recién nacido.

Como se puede apreciar en la tabla 1, dentro de los **fructanos** se incluyen la **inulina** y los **fructooligosacáridos** (FOS), que están compuestos fundamentalmente por unidades de fructosa. En el caso de la inulina, son más numero-

Tabla 1. Tipos de MAC y en qué alimentos encontrarlos

Tipo de MAC	Composición (principal)	Dónde encontrarlo
Fructanos: inulina y FOS	Unidades de fructosa	Espárragos, cebollas, ajos, puerro, alcachofas y plátano
GOS	Unidades de galactosa	Se forman a partir de lactosa
Almidón resistente	Unidades de glucosa	Plátano verde, patata, tapioca, maíz y legumbres
Pectinas	Unidades de ácido D-galacturónico	Frutas
Betaglucanos	Unidades de glucosa	Avena, cebada, levaduras y setas

sas las unidades de este azúcar que en los FOS. Por su parte, los **galactooligosacáridos** (GOS) no están presentes de forma natural en los alimentos, sino que se forman a partir de la lactosa por actividad enzimática.

El **almidón resistente** es otro tipo de carbohidrato que está presente en algunos alimentos y que no es degradado por las enzimas digestivas, de modo que llega intacto al colon, donde es fermentado por la microbiota. Dependiendo de su estructura química, el almidón será degradado con mayor o menor facilidad. En algunos casos, cocinar y después enfriar alimentos como las patatas o las legumbres antes de consumirlos puede incrementar el porcentaje de almidón resistente disponible para la microbiota intestinal. Otra ventaja añadida del almidón resistente es que disminuye el índice glucémico[3] del alimento, lo que supone una ventaja sobre todo para las personas con problemas metabólicos como la diabetes o la obesidad.

Otro tipo de MAC son las **pectinas** de muchas frutas. Y respecto a los **betaglucanos**, cabe destacar que los de origen fúngico tienen además la capacidad de modular el siste-

3. Índice glucémico: mide la rapidez con que un alimento eleva los niveles de azúcar en sangre.

ma inmune; así pues, las setas no sólo están muy ricas, sino que también son muy saludables.

Existen otro tipo de prebióticos más allá de los carbohidratos. Un ejemplo son los **compuestos fenólicos** que contienen muchas frutas y verduras. El té, el café y ciertas especias como la cúrcuma también son ricos en este tipo de compuestos. Los compuestos fenólicos son los responsables de la coloración roja, morada, azul o anaranjada de algunos vegetales. Además, pueden conferir características organolépticas y tienen una acción antioxidante. La mayor parte de los compuestos fenólicos tienen una baja biodisponibilidad, lo que significa que sólo una pequeña proporción es absorbida en el intestino delgado. Por ello, la mayor parte llega hasta el intestino grueso intacto y ahí, gracias a la acción de la microbiota, ejerce su efecto deseable sobre nuestra salud. La próxima vez que leas en el periódico sobre los beneficios de los arándanos o las cerezas para la salud, piensa que probablemente sea por sus fenoles.

Por ejemplo, mucha gente conoce la bacteria *Akkermansia muciniphila* y sus efectos sobre la salud. Como su fama tiene que ver, entre otras cosas, con la longevidad y la pérdida de peso, hay verdadero furor por conocer lo que permite aumentar la presencia de esta bacteria en el intestino. Quizá te interese saber que tanto el extracto de granada o de ruibarbo como las proantocianidinas del arándano hacen que la *Akkermansia* esté contenta y nos eche una mano en nuestro metabolismo. De la misma manera, podríamos examinar uno por uno los diversos componentes de los alimentos y su efecto sobre nuestra microbiota.

Incluso saliéndose un poco de la definición clásica de prebiótico, también se podría incluir en esta categoría a los **ácidos grasos omega-3**, pues tienen una acción directa remodelando la composición de la microbiota. Se ha comprobado que el consumo de omega-3 incrementa la abun-

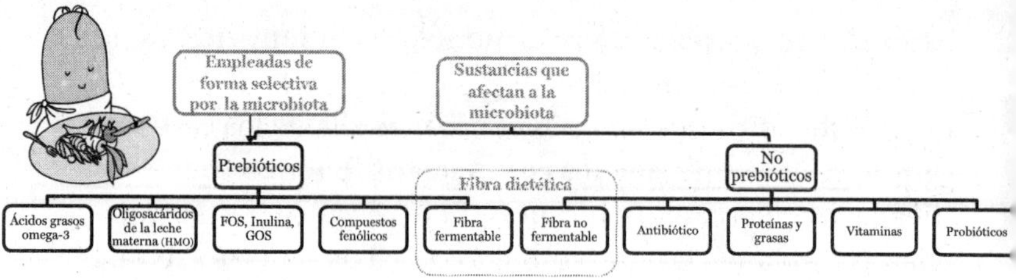

Figura 8. Sustancias que afectan a la composición de la microbiota: prebióticas y no prebióticas. © Shutterstock

dancia de algunas bacterias, como los lactobacilos y las bifidobacterias.

En resumen, cuanto más variada sea la dieta, aportando distintos tipos de MAC y otros prebióticos, mayor diversidad de microbios conformarán la microbiota. Por el contrario, las dietas bajas en MAC reducen las bacterias encargadas de degradar los carbohidratos y aumentan aquellas con capacidad de emplear como fuente de energía el moco que cubre y protege el intestino, volviendo esta barrera más débil. Sobre las consecuencias del debilitamiento de la barrera intestinal o su exceso de permeabilidad hablaremos más adelante.

Por lo tanto, cuando te sientes a la mesa, piensa que no estás comiendo sólo para ti, sino también para tus microorganismos amigos. Ahora que sabes lo que les gusta, hazlos felices y dales de comer alimentos variados con todos los colores del arco iris.

2.2. Alimentos fermentados

Como te contaba en el capítulo anterior, el consumo de alimentos fermentados por microorganismos no es algo nuevo para el ser humano. Hay registros de las recetas que se usaban en el Antiguo Egipto para elaborar la cerveza y el pan, donde es fundamental la fermentación por parte de levaduras, y de forma tradicional siempre se han empleado microorganismos para la conservación de algunos alimentos.

Durante el proceso de fermentación, los microbios que se emplean degradan los carbohidratos fermentables y generan sustancias antimicrobianas, como etanol o ácidos orgánicos, que contribuyen a mantener controlados a los microorganismos patógenos. La fermentación de alimentos también ha servido para mejorar las cualidades organolépticas y facilitar la conservación de algunos alimentos, como en el caso del yogur o el queso.

El ruso Elie Metchnikoff puede considerarse el primero que demostró los efectos sobre la salud de los productos fermentados. A principios del siglo xx, este científico observó que había muchos centenarios entre los habitantes de una zona de los Balcanes y atribuyó esa longevidad al consumo de un fermentado a base de leche. Si bien se identificó el microorganismo que daba lugar al fermentado, también se observó que no lograba sobrevivir en el intestino humano. Son muchos los trabajos posteriores que han estudiado el efecto de distintos alimentos fermentados sobre la salud, evidenciando efectos beneficiosos, por ejemplo, sobre la salud metabólica.

Sin embargo, las cualidades que se le atribuyen a ciertos alimentos fermentados no son tanto por los microorganismos que contienen, sino porque incluyen los productos del metabolismo microbiano; es decir, un montón de moléculas interesantes: ácidos grasos de cadena corta, vitaminas, etc. El proceso de fermentación también facilita la digestión de algunos compuestos como la lactosa, lo que puede favorecer la salud intestinal.

Además, en muchos casos se suelen emplear mezclas de hongos o bacterias para la elaboración de alimentos fermentados de los que se desconocen las cepas, la cantidad, la estabilidad y la viabilidad en el producto final. Por este motivo, los expertos recomiendan que no se emplee el término *probiótico* para referirse a los productos fermentados, sino que se denominen **productos con «cultivos vivos»**.

Aunque algunos de los microorganismos que se encuentran en los productos fermentados sean capaces de llegar hasta el intestino viables y ejercer allí alguna acción beneficiosa, se ha demostrado que su presencia es transitoria, pues se trata de microorganismos alóctonos, es decir, muchos de ellos no se adaptan a vivir en las condiciones de temperatura y pH de nuestro intestino.

Para la elaboración de algunos productos fermentados tan sólo se emplea el alimento crudo, y la fermentación comienza de forma espontánea con los propios microorganismos que contiene esta materia prima, como en el caso del kimchi o el chucrut.

En otros casos, se emplean cultivos microbianos para iniciar la fermentación y que este proceso ocurra de una forma controlada, como sucede en la preparación del kéfir. Si bien en algún caso se añaden microorganismos concretos y conocidos (como se ve en la tabla 2), una vez finalizada la fermentación, la composición microbiana puede cambiar.

El paso desde la fabricación tradicional hasta el proceso industrial de muchos de estos alimentos fermentados ha hecho que se modifique su composición microbiana. En muchos casos, para incrementar la vida útil y por una cuestión de seguridad alimentaria, se realiza un proceso de pasteurización final, en el que se emplean temperaturas elevadas que destruyen los microorganismos, incluidos los que dieron lugar a la fermentación, pero también otros que pueden causar una intoxicación alimentaria o el deterioro del producto.

Tabla 2. Algunos alimentos fermentados (adaptada de Dimidi *et al.*, 2019)

Nombre	Materia prima	Fermentación
Chucrut	Col	Espontánea (*Leuconostoc, Lactobacillus, Pediococcus*)
Embutido	Carne	Bacterias ácido-lácticas
Kéfir	Leche	Cultivo (levaduras y bacterias ácido-lácticas)
Kimchi	Vegetales	Espontánea (bacterias ácido-lacticas)
Kombucha	Té	Cultivo (levaduras y bacterias: SCOBY)
Miso	Pasta de soja	Cultivo (*Aspergillus oryzae*)
Natto	Soja	Cultivo (*Bacillus subtilis natto*)
Pan agrio	Cereal	Espontánea (levaduras)
Tempeh	Soja	Cultivo (*Rhizopus oligoporus*)

Como ocurría en el caso de los prebióticos, incluir alimentos fermentados dentro de una dieta rica y variada puede incrementar la diversidad de microorganismos de nuestra microbiota. Algo que es deseable, por supuesto. Por tanto, será interesante aportar este tipo de alimentos siempre que tengamos una microbiota en equilibrio y, por supuesto, nos siente bien consumirlos.

Una forma de hacerlo es aprendiendo a fermentar tú mismo en casa. Desde palitos de zanahoria hasta lombarda, pasando por un yogur de coco hasta la kombucha, el mundo de la fermentación es apasionante, y en la red hay muchos libros y material de todo tipo para quien quiera aprender a fermentar como se hacía antaño.

Lo que no podemos extrapolar son los beneficios de los probióticos de la microbioterapia a los productos elaborados con cultivos vivos o alimentos fermentados.

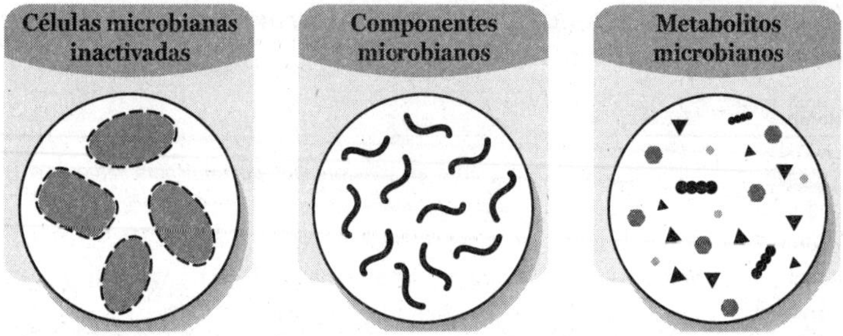

Figura 9. Posbióticos, parabióticos y probióticos fantasma.
© Nutribiótica

2.3. Posbióticos, parabióticos y probióticos fantasma

Los posbióticos son microorganismos inactivados, o bien alguno de sus componentes y los metabolitos que producen, que tienen una acción beneficiosa en nuestro cuerpo. También se habla de probióticos fantasma, parabióticos, probióticos inactivados... A continuación, veremos en detalle algunas de estas sustancias y por qué nos pueden interesar.

Metabolitos microbianos

Quizá de todos los metabolitos microbianos los más conocidos son los **ácidos grasos de cadena corta**. Su nombre ya nos indica que se trata de moléculas de grasa muy pequeñas que tienen importantes funciones en nuestra salud.

Dependiendo del tipo de alimentación, las bacterias van a producir distintos ácidos grasos de cadena corta. A partir de la fermentación de los carbohidratos, surgen los ácidos propiónico, acético y butírico, que son los más abundantes en el colon. Este tipo de ácidos grasos de cadena corta también los encontramos en algunos alimentos fermentados. El ácido propiónico aparece en los quesos, al igual que el butírico, que también forma parte de la mantequilla o la soja fermentada, mientras que el ácido acético es uno de los componentes del vinagre.

Estos ácidos grasos de cadena corta mantienen el interior del intestino algo ácido, que es lo deseable para generar un ambiente hostil para los patógenos y facilitar la absorción de minerales como el calcio. Además, estos ácidos grasos tienen un impacto positivo en el tránsito intestinal.

El **ácido butírico o butirato** es, sin duda, uno de los más relevantes en nuestra salud intestinal y extraintestinal, ya que es la principal fuente de energía para las células intestinales, favorece la integridad de la barrera intestinal y estimula la producción del moco que la protege, además de desinflamar la mucosa. Es decir, es un aliado total de nuestro intestino. Esta sustancia ya se vende incluso como suplemento, si bien nuestra propia microbiota, a veces con una ayudita, la va a fabricar en las cantidades necesarias si la cuidamos bien.

Tanto el ácido butírico como el acético y el propiónico ejercen funciones más allá de la salud intestinal: modulan la respuesta del sistema inmune y tienen una acción antiinflamatoria, influyen en el metabolismo de los lípidos y la glucosa, regulan la homeostasis o equilibrio hormonal y tienen la capacidad de atravesar la barrera hematoencefálica, es decir, llegan hasta el cerebro. Por ejemplo, se ha descrito que el ácido acético a nivel cerebral favorece la expresión de señales de saciedad. Pero cuidado, que ahora nadie se ponga a beber vinagre como si no hubiera un mañana para adelgazar, a ver si vamos a fastidiar el esmalte de los dientes y alguna cosa más.

Otros metabolitos que resultan interesantes son los **péptidos antimicrobianos**. Estos péptidos son pequeños trozos de proteínas que producen algunas cepas probióticas y que tienen capacidad de inhibir el crecimiento o aniquilar otros microorganismos. Reciben el nombre de bacteriocinas. Son como pequeños asesinos de microbios, pero con la gran ventaja de que actúan con gran precisión. Son auténticos *ninjas* metabolómicos.

El mecanismo de acción de las bacteriocinas puede recordar al de los antibióticos, pero en este caso no atacan a cualquier bacteria de nuestra microbiota, sino que su acción es tremendamente específica y sólo afecta a especies muy concretas. Por lo tanto, a diferencia de los antibióticos, no causan un desequilibrio de la microbiota.

Hay que conocer muy bien las cepas probióticas para elegir aquellas que produzcan las bacteriocinas frente al microorganismo que nos interesa atacar o controlar. Por ejemplo, la cepa *Lactobacillus acidophilus* LA-14 produce bacteriocinas que inhiben el crecimiento de *Listeria monocytogenes*, un bicho nada deseable que causa intoxicaciones alimentarias muy graves. Todos recordamos el brote de listeriosis que se vivió en España en el año 2019 por la contaminación de carne mechada con este microorganismo.

Además, las bacteriocinas son herramientas que se presentan como una potencial solución al creciente problema de las bacterias resistentes a los antibióticos, ya que algunas bacterias resistentes a estos fármacos pueden ser sensibles a ciertas bacteriocinas. Quizá el gran reto que tiene por delante su uso de un modo aislado es lograr que lleguen activas donde queremos que actúen, un proceso complejo porque en el camino son atacadas por las bacterias proteolíticas.[4]

También es muy valiosa la capacidad de ciertos microorganismos de producir **vitaminas**. Las bifidobacterias y los lactobacilos producen vitaminas del grupo B, como el ácido fólico, que es importante en el desarrollo fetal y para la for-

4. Las bacterias proteolíticas son aquellas que degradan proteínas y péptidos para obtener energía.

mación de los glóbulos rojos. Otros microorganismos, como *Escherichia coli*, sintetizan la vitamina K, que tiene un papel central en la coagulación de la sangre.

Además, muchos microbios intestinales fabrican **neurotransmisores**, unas sustancias químicas que sirven de mensajeros entre las neuronas. Algunos de los neurotransmisores que produce la microbiota son la noradrenalina, el ácido γ-aminobutírico (GABA) y la serotonina, que, aunque no lleguen al cerebro, tienen una función crucial en el resto del organismo.

Estructuras microbianas

En algunas ocasiones un posbiótico puede contener sólo los fragmentos de la pared celular de las bacterias o levaduras, las moléculas del metabolismo microbiano o todo el microorganismo probiótico entero e inactivado.

Podemos pensar que una bacteria «muerta» no ejerce ninguna función en nuestro organismo; sin embargo, algunas células bacterianas inactivas son capaces de modular la respuesta del sistema inmunitario.

Por ejemplo, las bifidobacterias presentan en su exterior unos pelillos, denominados *pili*, que, en contacto con las células humanas, favorecen una respuesta antiinflamatoria a nivel intestinal. Si aportamos bifidobacterias como parabiótico, no vamos a conseguir que colonicen nuestro intestino y realicen todas las funciones beneficiosas que les son características, pero de algún modo pueden comunicarse con el sistema inmune. También se ha demostrado que algunas bacterias probióticas inactivas mantienen la capacidad de coagregarse —es decir, arrejuntarse— con microorganismos patógenos, por lo cual podrían ejercer, en parte, una función antimicrobiana.

Puede ser útil emplear como parabióticos o posbióticos algunos **microorganismos nuevos**, de los cuales aún no se

Tabla 3. Posbióticos y parabióticos para uso en seres humanos (adaptada de Cuevas-González *et al.*, 2020)

Microorganismo	Utilidad
L. reuteri DSMZ 17648 inactivado	Infección por *H. pylori*
L. acidophilus LB inactivado	Tratamiento de la diarrea
Metabolitos de *B. subtilis* VKPM V-2335	Restaurar el equilibrio de la microbiota
Metabolitos de *E. coli* 4087, *E. faecalis* DSM 4086, *L. acidophilus* DSM 414 y *L. helveticus* DSM 4183	Malestar gastrointestinal
Metabolitos de *E. faecalis* DSM 16440 y *E. coli* DSM 17252	Flatulencia, diarrea, estreñimiento
Pared celular de *Lactobacillus, Bifidobacterium* y *Streptococcus*	Modulación del sistema inmune
Pared celular y fragmentos de ADN de *L. rhamnosus*	Malestar intestinal

ha probado su seguridad. Por ejemplo, la *Akkermansia* que te comentaba antes ha demostrado que puede ejercer parte de sus efectos beneficiosos por una proteína que se llama Amuc_1100, sin necesidad de dar la bacteria entera para conseguir resultados interesantes.

Por otro lado, los posbióticos cobran interés para su uso en la **industria alimentaria**. Al no ser microorganismos vivos, pueden someterse a procesos de alta temperatura o presión sin alterar su función, de modo que se pueden incluir en alimentos procesados. Un ejemplo de ello es el uso de las bacteriocinas o de ciertos microorganismos inactivados para alargar la vida útil de algunos alimentos. Así, valiéndose de la acción antimicrobiana, evitan la proliferación de bacterias poco deseables, como la *Salmonella*.

2.4. Otras sustancias con impacto sobre la microbiota

Además de poder influir sobre la microbiota y nuestra salud con los probióticos, prebióticos o posbióticos, hay otras sustancias que tienen la capacidad de modular la comunidad microbiana que nos habita o mejorar el ecosistema microbiano.

Antibióticos

Los **antibióticos** se emplean para combatir infecciones bacterianas. Han salvado muchas vidas desde que se comenzaron a usar en la primera mitad del siglo XX. Enfermedades que antaño suponían la muerte o un problema grave, hoy en día se pueden solventar con estos fármacos. La sífilis, la neumonía o las infecciones de las heridas se solucionan gracias a los antibióticos. Casi todo el mundo ha tomado algún ciclo de antibióticos, aunque no necesariamente siempre fuera para tratar infecciones graves.

Sin embargo, los antibióticos farmacológicos causan profundos cambios en la composición de nuestra microbiota, disminuyendo su diversidad. Por desgracia, además de matar a las bacterias «malas» que producen la infección, estos fármacos arrasan con muchas especies buenas, nuestras bacterias amigas. Así, se pierden bacterias que producen vitaminas, modulan la respuesta inmunitaria o influyen en el metabolismo.

Por otro lado, ya he comentado antes que el problema de las resistencias de los superbichos a los antibióticos es un quebradero de cabeza para los médicos que se dedican a la infectología. El uso inadecuado de los antibióticos puede favorecer el aumento de microorganismos que portan genes de resistencia a antibióticos. Además, estas sustancias también se usan en los animales y eso puede provocar cambios en su microbiota y nuevas resistencias, que tienen impacto también en la salud humana. El problema es que no surgen antibióticos nuevos con demasiada frecuencia y los que se desarrollan a menudo también son dañinos para la microbiota.

Si bien es cierto que en muchos casos no hay otra alternativa terapéutica que usar un antibiótico, sería recomendable acompañarlo de algún probiótico para reducir los efectos secundarios de estos tratamientos, como la diarrea. Tras la terapia antibiótica también puede ser de ayuda tomar cierto tipo de microorganismos para contrarrestar el desequilibrio de la microbiota. A menudo, cuando se toma un antibiótico, después vuelve a poblarse el intestino con bacterias, pero vuelven con más facilidad las «malas» que las «buenas».

Por otro lado existen los **antibióticos herbáceos**, unos componentes de algunas plantas con una acción antibiótica. Destacan la actividad antibacteriana de algunos aceites esenciales como el de orégano, tomillo, geranio o eucalipto, por nombrar algunos. Si alguien sabe mucho de aceites esenciales es Marisa García Alonso, una farmacéutica que comparte en su perfil de Instagram todo su conocimiento sobre este campo. Si a algún lector se le despierta la curiosidad, que se pase por sus redes sociales. Algunos de los aceites esenciales y su efecto antimicrobiano se resumen en la tabla 4.

Hay publicados estudios con aceites esenciales *in vitro* que demuestran la capacidad de inhibir muchas bacterias patógenas y hongos como *Candida albicans,* logrando incluso evitar la formación de *biofilms*. El aceite de orégano, por comentar un ejemplo, ha mostrado en muchas ocasiones ser eficaz frente a bacterias resistentes como la *Klebsiella pneumoniae*, que puede causar infecciones de orina, entre otros problemas. Si se hace resistente a los antibióticos de uso habitual, no siempre es fácil deshacerse de ella. En estos casos,

Tabla 4. Aceites esenciales y su efecto antimicrobiano

Aceite esencial	Efecto antimicrobiano
Orégano *(Origanum vulgare)*	*Clostridium botulinum, C. perfringens, Listeria monocytogenes, E. coli, Salmonella choleraesuis, S. typhimurium, Staphylococcus aureus, Bacillus subtilis, Pseudomonas aeruginosa, Shigella sonnei, Sarcina lutea, Micrococcus flavus, Klebsiella pneumoniae, K. oxytoca, Candida albicans*
Geranio *(Pelargonium graveolens)*	*Candida tropicalis*
Canela *(Cinnamomum zeylancium)*	Enterobacterias, *S. aureus, Streptococcus pyogenes, S. pneumoniae, Enterococcus faecalis, E. faecium, Bacillus cereus, Acinetobacter lwoffii, Enterobacter aerogenes, E. coli, K. pneumoniae, Proteus mirabilis, P. aeruginosa, S. typhimurium, C. perfringens, Mycobacterium smegmatis, Candida* spp.
Lemongrass (Cymbopogon)	*Brochothrix thermosphacta, E. coli, Listeria innocua, L. monocytogenes, P. putida, S. aureus, S. typhimurium, Shewanella putrefaciens*
Limón *(Citrus limon)*	*E. coli, Salmonella abony, S. aureus, P. aeruginosa, C. albicans*
Menta *(Mentha piperita)*	*S. aureus, S. typhimurium, Vibrio parahaemolyticus*
Jengibre *(Zingiber officinale)*	*P. aeruginosa, S. aureus, Acinetobacter baumannii, E. coli, B. subtilis, S. typhi, Candida* spp.

tanto estos aceites como las bacteriocinas de algunas cepas probióticas pueden ser la solución.

Sin embargo, algunos de estos aceites esenciales tienen tal capacidad antimicrobiana que pueden afectar también a las bacterias «amigas» y tener ciertas contraindicaciones. Por ejemplo, muchos aceites esenciales no son adecuados para niños o embarazadas. También pueden tener interacciones con algunos fármacos. Muchos no se pueden usar de forma tópica, otros no se deben tomar por vía oral o, si se hace, hay que saber cómo y cuánto. En consecuencia, a pesar de ser sustancias naturales, deben ser indicados por profesionales de la salud. Son sustancias verdaderamente activas y no exentas de potenciales efectos adversos si se emplean de forma inadecuada, por lo que es imprescindible conocerlas bien para usarlas con responsabilidad.

Micronutrientes y más allá

Muchas otras sustancias también pueden tener un impacto sobre la microbiota, como las vitaminas, los minerales, los aminoácidos...

Vitamina D: se trata de una vitamina liposoluble, aunque también puede considerarse una hormona. Adquirimos vitamina D a través de la exposición solar y también, una pequeña parte, por la dieta.

Esta vitamina siempre se ha asociado con la salud ósea, porque efectivamente regula la absorción de calcio y fosfato, pero tiene otras muchas funciones. Es importante para mantener un buen estado de salud intestinal y, de forma indirecta, influye en la composición de la microbiota, gracias a su capacidad moduladora del sistema inmune. Además, disminuye la inflamación y favorece la integridad de la barrera intestinal.

La suplementación con vitamina D3 ha demostrado impactar en la composición microbiana de forma positiva. Por ejemplo, aumenta bacterias como nuestra amiga la *Akkermansia.* Además, disminuye otras que se asocian a problemas de salud, como la *Porphyromonas gingivalis*, una de las causantes de la temible enfermedad periodontal. Esta bacteria en concreto no sólo provoca problemas en la boca, sino que su presencia se asocia a la enfermedad de Alzheimer, la artritis reumatoide, la esclerosis múltiple e incluso a infartos de miocardio.

Un profesional de la salud puede valorar si nuestros niveles de D3 son los adecuados o se deberían incrementar. Lo cierto es que, aunque pensemos que nos exponemos lo suficiente al sol, no es tan sencillo tener esta vitamina en el rango adecuado. El ritmo de vida actual hace que estemos todo el día metidos en una oficina con luz artificial. Por otro lado, cuando tomamos el sol, a menudo lo hacemos con protección solar, o exponemos sólo la cara y las manos. Como vemos, hay muchos factores que pueden hacer que tengamos un déficit de esta vitamina. Incluso aunque pasemos mucho tiempo en la calle, durante muchos meses del año no hay suficiente radiación de tipo ultravioleta B para que nuestro organismo fabrique la vitamina D. Y, por si esto fuera poco, las dosis oficiales recomendadas y los rangos de laboratorio están desactualizados. Una tormenta perfecta que explica por qué estamos ante una auténtica pandemia de déficit de vitamina D. Además, la vitamina D necesita de otros elementos para actuar.

Magnesio: es importante porque actúa como cofactor de cientos de enzimas. Las enzimas son proteínas especializadas en llevar a cabo todas las reacciones químicas de nuestro cuerpo y muchas de ellas necesitan este mineral para funcionar. Además, alguna también participa en la activación de la vitamina D, por lo que es necesario asegurar cantidades adecuadas de ambos nutrientes para lograr su acción beneficiosa. El magnesio también es indispensable para una correcta función de los sistemas nervioso, circulatorio y muscular. Esto es así porque, entre otras funciones, el magnesio es imprescindible para sintetizar el adenosín trifostato (ATP). No, no es el circuito de tenis profesional, sino la moneda de intercambio energético de nuestro organismo. Si hay déficit de magnesio, lo cual sucede en más de la mitad de la población (aunque a menudo no se puede detectar en una analítica), pueden aparecer muy diversos síntomas, como falta de energía, niebla mental, contracturas musculares y alteraciones cardiovasculares. Además, el déficit de magnesio altera la microbiota y el sistema inmune.

Deberíamos encontrar el magnesio en alimentos de origen vegetal, pero la agricultura intensiva empobrece los suelos en este mineral, motivo por el cual no es sencillo alcanzar los niveles de magnesio necesarios. Además, el estrés crónico o el ejercicio físico intenso aumentan los requerimientos de este mineral. Por ello, a menudo será necesaria una suplementación juiciosa de este mineral —en alguna de las múltiples formas en las que se comercializa— según la indicación de un profesional sanitario.

Ácidos grasos omega-3: son nutrientes esenciales, lo que significa que nuestro organismo no los fabrica, por lo que debemos adquirirlos a través de la dieta. Los principales omega-3 son el ácido eicosapentaenoico (EPA) y el ácido docosahexaenoico (DHA), que se obtienen mayoritariamente de animales de origen marino, como peces, moluscos o crustáceos, y de algas..., aunque también están presentes en algunas especies de pescados de agua dulce. Una pequeña parte de EPA y DHA puede ser fabricada a partir del precursor ácido α-linolénico (ALA), que encontramos en algunas semillas y algunos frutos secos.

El EPA y el DHA tienen una acción antiinflamatoria y estructural, y juegan un papel importante en el neurodesarrollo, la cognición o el desarrollo visual en las primeras etapas de la vida. Además, son importantes para la salud cardiovascular y el correcto funcionamiento del sistema inmune.

Pero ¿qué tienen que ver con la microbiota? Pues disminuyen la presencia de enterobacterias, que a menudo pueden ser patógenas, e incrementan la abundancia de microorganismos beneficiosos, como los del género *Bifidobacterium*. En adultos se ha observado que ingerir 500 miligramos al día de omega-3 reduce las infecciones causadas por *E. coli*, *Staphylococcus aureus*, *Pseudomonas aeruginosa* y *Streptococcus pneumoniae*. También tienen efecto contra *Helicobacter pylori*, que puede causar problemas en el estómago. Por su parte, la microbiota también tiene un papel en la mayor o menor absorción del omega-3 y en la transformación del ALA a otras formas de omega-3.

Triptófano y derivados: también son importantes para la salud de la microbiota y la nuestra los niveles de dos hormonas, la **serotonina** y la **melatonina**, que derivan del aminoácido triptófano. El 90 por ciento de la serotonina es producida en el intestino y, mediante una serie de reacciones enzimáticas, la melatonina se fabrica a partir de la serotonina. La melatonina también se libera a nivel de la glándula pineal del cerebro como respuesta a la oscuridad y su liberación se inhibe con la luz.

La composición de la microbiota puede influir en el metabolismo del triptófano. Es decir, dependiendo de qué bichillos tengamos en el intestino, podremos usar más o menos triptófano. Esto ocurre porque algunas bacterias emplean el triptófano y limitan así la cantidad disponible de este aminoácido para dar lugar a la serotonina y la melatonina. Pero además, el equilibrio de la microbiota es fundamental para la homeostasis intestinal y para que las células intestinales produzcan de forma adecuada serotonina. Si tenemos la barrera intestinal dañada, produciremos menos serotonina, entre otras muchas consecuencias.

La **serotonina** que se produce a nivel intestinal sirve de comunicación con el sistema nervioso entérico, modulando la contracción del intestino o las secreciones intestinales. Y, a través del nervio vago, puede mediar la comunicación entre el intestino y el cerebro. Aunque una gran cantidad de la serotonina es producida en el intestino, no llega de forma directa al cerebro porque no puede atravesar una barrera que hay entre la sangre y el encéfalo, la barrera hematoencefálica.

La **melatonina** seguro que te suena como eso que se toman algunas personas para dormir. Es verdad que es una gran reguladora de los ritmos circadianos, pero además tiene otras muchas acciones fuera del cerebro. Es antioxidante, antiinflamatoria y regula el sistema inmunitario. A nivel de la microbiota, los niveles reducidos de melatonina se asocian con una pérdida de diversidad y riqueza microbiana. Cuando no hay suficiente melatonina, baja la abundancia de algunas bacterias importantes para tener una capa de moco saludable en el intestino, como la *Akkermansia* o el *Faecalibacterium*.

La mala calidad del sueño y la alteración de los ciclos de sueño y vigilia afectan de un modo importante a nuestra salud, incluso llegan a favorecer la disbiosis y el exceso de permeabilidad intestinal. Como consecuencia, se incrementa el riesgo de diversas patologías, entre las que destacan la obesidad, la diabetes *mellitus* y la enfermedad coronaria, entre otras.

Glutamina: es otro aminoácido interesante para la salud intestinal, ya que las células del intestino la usan como fuente de energía. La glutamina favorece la salud de las uniones estrechas, lo que permite mantener una buena función de la barrera intestinal y evitar el temible *leaky gut* y también regula de forma favorable la respuesta inflamatoria y el sistema inmune. En este sentido, se ha visto que favorece la producción de inmunoglobulina A (IgA) por parte de las mucosas. Esta proteína es un anticuerpo que actúa como parte de la primera línea de defensa a este nivel. Dos terceras partes de los anticuerpos que fabricamos en nuestro organismo cada día son de este tipo y se encuentran en las mucosas, las lágrimas, la saliva o el sudor.

Muchas de las acciones beneficiosas que la glutamina ejerce sobre la barrera intestinal están, en parte, mediadas por el impacto beneficioso que tiene sobre la microbiota.

No es mi objetivo revisar uno por uno todos los micronutrientes y su efecto sobre la microbiota, pero resumo algunos de ellos en la tabla 5, junto con otras sustancias con efectos interesantes en la salud intestinal que pueden utilizar los profesionales de la salud para tratar la disbiosis o los problemas de salud intestinal de sus pacientes.

Tabla 5. Micronutrientes y otras sustancias con impacto sobre la microbiota y la salud

Micronutriente o sustancia	Impacto sobre la microbiota	Impacto sobre la salud intestinal
Vitamina A	↑ *Bifidobacterium* ↑ *Lactobacillus* ↑ *Akkermansia*	Modulación del sistema inmune y mejora la función de la barrera intestinal
Vitamina B2	↑ *Faecalibacterium prausnitzii* ↓ *E. coli*	Protección frente a estrés oxidativo
Vitamina B6	↑ *Bacteroides*	Modulación del sistema inmune
Vitaminas E y C	↑ *Bifidobacterium* ↑ *Lactobacillus* ↓ *E. coli*	Acción antioxidante
Vitamina D	↑ *Akkermansia* ↓ *Helicobacter pylori* ↓ *Porphyromonas gingivalis*	Modulación del sistema inmune y mejora la función de la barrera intestinal
Zinc	↑ *Lactobacillus* ↑ Diversidad ↑ Ácidos grasos de cadena corta	Mejora la función de la barrera intestinal
Selenio	↑ Diversidad ↑ *Akkermansia*	Antioxidante, modulación del sistema inmune, función tiroidea y reproductiva
Omega-3	↑ *Lactobacillus* ↑ *Bifidobacterium* ↓ *E. coli, S. aureus, P. aeruginosa, S. pneumoniae*	Acción antiinflamatoria y estructural
Serotonina	–	Modulación de las contracciones y secreciones intestinales
Melatonina	–	Acción antioxidante, antiinflamatoria e inmunomoduladora
Glutamina	Eubiosis	Mejora la función de la barrera intestinal
N-acetilcisteína	↓ Formación de *biofilms*	Acción antimicrobiana
Lactoferrina	↑ Microorganismos comensales ↓ Microorganismos patógenos	Acción antimicrobiana, antiinflamatoria e inmunomoduladora
Melena de león	↑ Diversidad ↑ Microorganismos productores de ácidos grasos ↓ Microorganismos patógenos	Función inmunomoduladora y prebiótica
Própolis	↑ Diversidad	Acción antioxidante, antiinflamatoria e inmunomoduladora

¿Significa todo esto que hay que ir corriendo a comprar suplementos de todo tipo? No. Quiere decir que debemos ser conscientes de que todo lo que hacemos influye sobre la microbiota. La alimentación y nuestro estado nutricional es uno de los factores principales, por eso es importante una alimentación prebiótica y antiinflamatoria variada, y no sólo por la fibra. Una propuesta magnífica es la dieta pescomediterránea, cuya pirámide tienes en la figura 10. Lo es también por todos los otros elementos de la dieta, como los polifenoles, los micronutrientes, los aminoácidos y las grasas saludables, que tienen un impacto directo sobre la microbiota, además de en nuestras propias células.

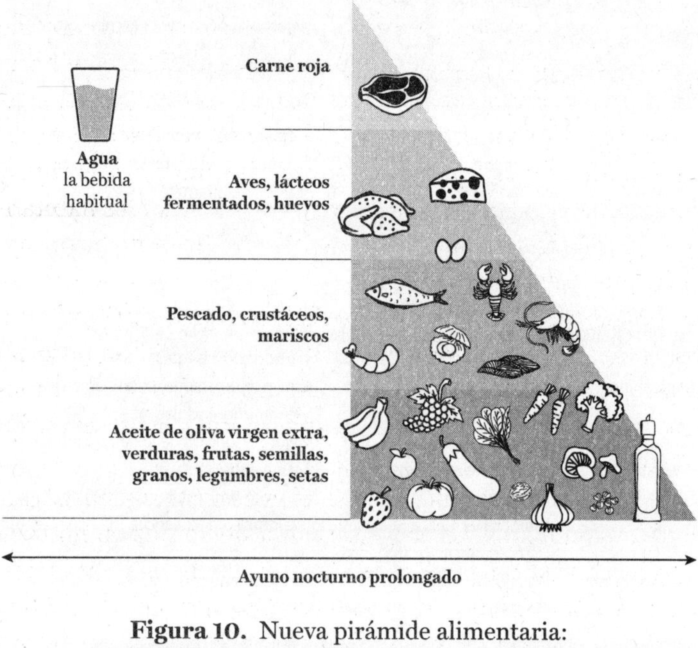

Figura 10. Nueva pirámide alimentaria: la dieta pescomediterránea. © Nutribiótica

3

Ecosistemas

3.1. Más diversidad que en la selva amazónica

Ahora que ya sabes qué es un probiótico, en este capítulo podrás conocer algunas de sus aplicaciones. Para ello haremos un recorrido por las diferentes partes de nuestro cuerpo. Como si de un sistema solar se tratara, veremos las peculiaridades de los planetas boca, estómago, intestino y urogenital, las amenazas a las que se enfrentan los habitantes de cada uno y qué microorganismos probióticos se suelen emplear para combatirlas.

Nuestra microbiota es como cualquier ecosistema que encontremos en nuestro planeta, es decir, un entorno en el que miles de organismos diferentes conviven en armonía, contribuyendo (cada uno a su manera) a la preservación de un equilibrio dinámico perfecto.

Pensemos en un bosque. En él encontramos musgo, arbustos con frutos, helechos... En esa tierra rica en materia orgánica viven infinidad de insectos, gusanos y caracoles. También hay árboles, más o menos grandes, que dan cobijo a diferentes pájaros, y puede que por el bosque pase un riachuelo en el que habiten pequeños anfibios, junto al cual habrá (probablemente escondido) algún pequeño mamífero

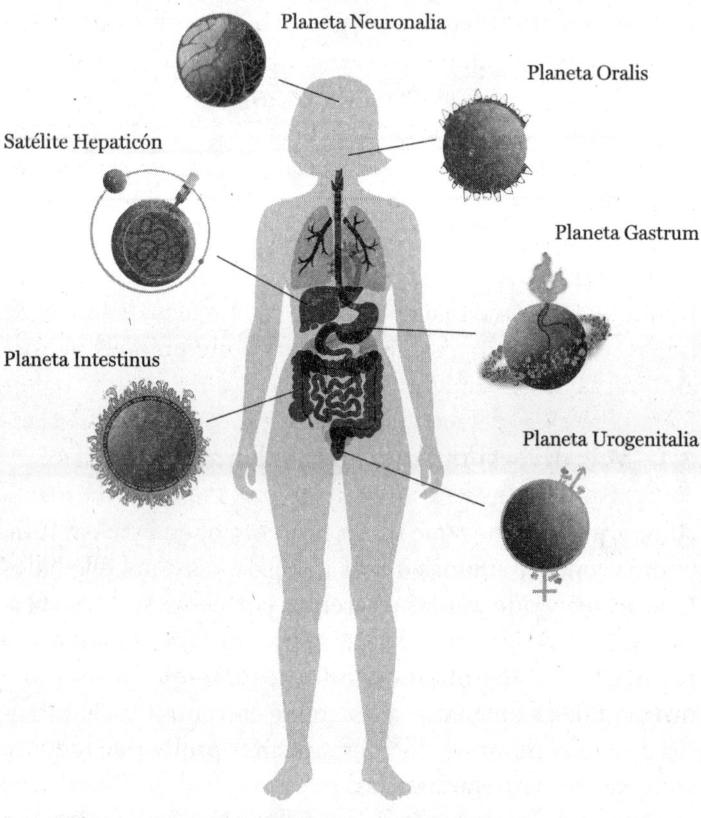

Figura 11. Microbiotas o planetas más representativos de nuestro cuerpo. © Axier Uzkudun

en su madriguera. Todos y cada uno de los habitantes de este ecosistema son importantes para su funcionamiento. Si se talaran todos los árboles, no se mantendría la humedad del suelo y poco a poco algunas de las especies, no sólo las que habitaban sus copas, serían sustituidas por otras nuevas que ya no llevarían a cabo las mismas funciones.

Esto mismo pasa en nuestra microbiota. Todos sus componentes —bacterias, virus, hongos, arqueas y protozoos—

son importantes y tienen que estar en la proporción adecuada para mantener el equilibrio. Cuando tenemos una microbiota sana, diversa y equilibrada, estará en **eubiosis**.

Sin embargo, si por la influencia de diferentes factores ese equilibrio se rompe y toda la cadena del ecosistema empieza a fallar, eslabón a eslabón, significa que hemos entrado en **disbiosis**.

Pongamos por ejemplo que nos hemos sometido a un tratamiento antibiótico. Éste es uno de los factores que más impactan en la composición de nuestra microbiota, que verá atacada su parte bacteriana y se dará el caldo de cultivo perfecto para el sobrecrecimiento de algún hongo, como *Candida albicans*.

La toma de fármacos es uno de esos factores que afecta al equilibrio de nuestra microbiota, pero hay muchos más, como una mala alimentación, el estrés crónico, los malos hábitos de sueño, el sedentarismo, el alcohol y el tabaco... En definitiva, todo lo malo que hemos ido adoptando como sociedad y que desencadena patologías típicas de las sociedades industrializadas.

Y es que un desequilibrio de la microbiota puede tener consecuencias nefastas para la salud de su huésped. Del mismo modo que ocurre en cualquier ecosistema terrestre, cuanta mayor biodiversidad hay, mejor resistirá cualquier perturbación y será capaz de adaptarse a los cambios ambientales. Pero si no es así, la capacidad de resiliencia, de recuperación, será mínima ante cualquier embiste o crisis.

Por otro lado, si nos fijamos **en cada zona de nuestro cuerpo** (la boca, la piel, el intestino o los genitales), **la configuración de la microbiota es diferente**. Cada uno de esos pequeños ecosistemas cuenta con su propia proporción de microorganismos, que en algunos casos será muy diferente a la que encontramos en otra parte de nuestro cuerpo.

Tal y como te contaba en la introducción, es importante matizar que es difícil definir una «microbiota ideal», un tipo de microbiota perfecta. La cantidad «ideal» de cada bichillo puede ser muy diferente, pero totalmente funcional y equilibrada en dos personas distintas.

Por tanto, cuando hablamos de eubiosis nos estamos refiriendo más a un concepto funcional que a una proporción exacta de microorganismos. También es cierto que las personas que residen en una misma región, si siguen unos hábitos de vida y de alimentación similares, tendrán una composición microbiana parecida.

Siguiendo con el mundo vegetal como símil, cuando nos proponemos usar la microbioterapia para restaurar nuestra microbiota, del mismo modo que haríamos con un jardín abandonado o para recuperar un bosque gallego invadido por eucaliptos, **habrá que empezar eliminando lo que sobra**. Quitar las malas hierbas en microbioterapia equivale a **reducir la carga de microorganismos que no son deseables, como algunos patógenos oportunistas**.

Una vez tengamos el terreno «limpio», podemos escoger aquellas especies que nos interesa que colonicen nuestro «jardín intestinal». Y, tanto si hablamos de microbiotas como de jardines o bosques, lo adecuado es elegir correctamente especies que se adapten a las condiciones ambientales que tenemos, es decir, autóctonas. Además, será preciso asegurar que aportamos todos los nutrientes necesarios para que lo plantado prospere. Y para ello tendremos que tener en cuenta el área de colonización en la que queremos actuar.

3.2. Planeta Oralis

Como te estaba contando, dentro de nuestro cuerpo existen diferentes micromundos, ecosistemas separados que pueden llegar a tener grandes diferencias en su composición. Son como planetas que, a su vez, forman parte de una constelación mayor.

El planeta Oralis, nuestra cavidad oral, se caracteriza por tener una **elevada presencia de oxígeno**, aunque **en algunas regiones puede haber una concentración baja** de este elemento, como por ejemplo en la zona más profunda de las encías. Su terreno combina **zonas de tejido blando**, como la lengua, las encías o los carrillos, con una cordillera doble, nuestra **dentadura**.

Los habitantes del planeta Oralis, por tanto, son microorganismos capaces de tolerar el oxígeno y que se adaptan a la atmósfera de su hábitat. La excepción que confirma la regla son algunas bacterias anaerobias (que viven sin oxígeno) en esa zona de las encías más escondida.

Nuestro planeta Oralis me recuerda, en cierto modo, a Arrakis, el planeta protagonista de *Dune*, uno de los grandes clásicos de la ciencia ficción y que ha vuelto a la gran pantalla. Te cuento por qué.

En *Dune*, parte de la historia se centra en los Fremen, pobladores de Arrakis, un planeta desierto que, por ser rico en especia, a la que se le atribuyen grandes poderes, es constantemente espoleado y conquistado por otros pueblos lejanos. Los Fremen consiguieron adaptarse a un desierto desafiante utilizando técnicas únicas: esconderse bajo las arenas para coger desprevenidos a sus captores, caminar sin un compás definido para despistar a las peligrosas criaturas que se esconden bajo las dunas... En fin, crearon una forma de resistencia que los mantiene vivos en un planeta hostil.

Nuestros microorganismos bucales hicieron algo similar para hacerse fuertes en un ecosistema complejo, como es el oral, y desarrollaron la técnica del *biofilm*. Esta construcción, similar a la de una película, es un tipo de disposición

tridimensional que permite a varias especies microbianas situarse dentro de una matriz.

El problema es que esta técnica también la conocen los microorganismos patógenos, que consiguen crear una barrera infranqueable para las sustancias antimicrobianas, las cuales no pueden romper esa película y fracasan en su intento de erradicación.

La complejidad de nuestro planeta Oralis va a propiciar que haya distintas «poblaciones» bacterianas en cada una de las zonas de la cavidad. Tenemos a los Fremen, pero también hay otros habitantes. Conozcamos, pues, a los habitantes de la microbiota oral.

En una **boca en eubiosis** encontramos microorganismos como *Streptococcus salivarius*, *Rothia*, *Veillonella*, *Prevotella*, *Corynebacterium*, *Actinomyces*... Pero este equilibrio se puede romper. Y cuando esto ocurre, es probable que empiecen a aparecer problemas de salud muy comunes.

Si aparece la **disbiosis oral** (o para prevenirla), se pueden usar diversos probióticos junto con otros tratamientos que aplicará el profesional de la odontología.

Problemas de salud oral y probióticos aplicables

Caries

Un exceso de bacterias, como *Streptococcus mutans*, o incluso de hongos, como *C. albicans*, en la microbiota oral puede favorecer la aparición de **caries**. De hecho, es habitual encontrar *biofilms* mixtos en los que cohabitan *S. mutans* y *C. albicans*, lo que dificulta aún más la eliminación de estas especies.

Aquí es donde algunas cepas probióticas han ido demostrando su eficacia y erigiéndose como auténticas guerreras destructoras de los *biofilms* patógenos. Se ha comprobado que para contrarrestar a *S. mutans* pueden ser de utilidad distintas cepas de *L. reuteri*, *L. rhamnosus* y *S. salivarius*. También tienen potencial dos especies relativamente nuevas de estreptococos, *S. dentisani* y *S. downii*.

Como antagonista de *C. albicans*, se emplea de forma habitual la levadura *Saccharomyces boulardii*, aunque algunas bacterias probióticas como *L. rhamnosus* o *B. longum* también han demostrado controlar su crecimiento.

Enfermedad periodontal

En los casos de **periodontitis** se observa un sobrecrecimiento de algunos patógenos como *Porphyromonas gingivalis*, *Aggregatibacter actinomycetemcomitans*, *Fusobacterium nucleatum* o *Treponema denticola*. Este problema de salud oral es un trastorno inflamatorio que afecta a las encías y puede llegar a causar la pérdida de la masa ósea que sujeta los dientes. Pero no sólo eso, la enfermedad periodontal se ha asociado con trastornos en órganos muy alejados, como un mayor riesgo cardiovascular, peor control de los niveles de glucosa en sangre, patologías neurodegenerativas o complicaciones en el embarazo.

Distintas especies probióticas han resultado de utilidad frente a estos patógenos periodontales. Concretamente hablamos de varias especies de *L. rhamnosus* (HN001, LR32 y SP1), *L. reuteri* y *L. salivarius*.

Halitosis

Otro problema, quizá menos grave pero bastante molesto, es la **halitosis**. Si bien puede ser causada por una alteración más allá de la salud oral (por ejemplo, el SIBO [*Small Intestinal Bacterial Overgrowth*]), en bastantes ocasiones el origen es una disbiosis oral. En los individuos que sufren este trastorno se produce un exceso de compuestos sulfurados volátiles, que son los responsables del mal aliento. La mayor producción de estos compuestos está muy determinada por la composición de la microbiota oral.

Se ha comprobado que si la microbiota está dominada por patógenos orales, se produce una mayor cantidad de estos compuestos que estando en equilibrio, por lo que se ha estudiado el uso de algunas cepas para tratar los problemas de mal aliento. Parecen prometedores los resultados obtenidos con varias cepas de *L. salivarius* (G60 y WB21), pues logran reducir la producción de compuestos volátiles y mejoran la halitosis.

Resumen: probióticos para un planeta Oralis ordenado

- **Las especies bacterianas que resultan interesantes para cuidar la salud oral son:**
  - ***Streptococcus salivarius.***
  - **Algunos lactobacilos: *L. rhamnosus, L. reuteri* y *L. salivarius.***
  - **La levadura *S. boulardii* es de utilidad en algunos casos.**
- **Para el tratamiento o la prevención de las caries, la inflamación de las encías (gingivitis) o la enfermedad periodontal, se debe seleccionar un probiótico que contenga una o la combinación de alguna de esas especies.**

3.3. Planeta Gastrum

Si en el planeta Oralis el oxígeno caracterizaba parte de su atmósfera, en el planeta Gastrum (nuestro estómago) debemos centrar nuestra atención en el ácido. El ambiente estomacal tiene unas condiciones de acidez extremas que provocan que la abundancia y la diversidad de microorganismos sea mucho menor que en el intestino o la boca. Digamos que el ácido del estómago funciona como una barrera que impide el paso de algunos microorganismos desde la boca hasta el intestino, siempre y cuando no se modifique el ambiente gástrico, algo que provocan, por ejemplo, los mal llamados protectores de estómago (inhibidores de la bomba de protones), conocidos también como prazoles. Estos fármacos, que a menudo se toman de forma innecesaria, neutralizan el pH ácido del estómago y eliminan esta barrera natural.

Helicobacter pylori

Una pobladora típica del planeta Gastrum es *Helicobacter pylori*. Sí, lo sé. Esta bacteria no tiene muy buena fama, pero lo cierto es que está presente en la mitad de la población, aunque sólo provoca problemas en un 10 por ciento de los portadores.

H. pylori suele transmitirse por contacto estrecho. De hecho, en muchos casos se adquiere en la infancia de padres a hijos (esto se llama transmisión vertical). Y frente a esa rápida mala imagen que tenemos de ella, se ha relacionado la menor incidencia de *H. pylori*, típica de las sociedades más industrializadas, con el incremento de algunas patologías, como las enfermedades inflamatorias intestinales y algunas enfermedades autoinmunes. En cierto modo, tener algo de *Helicobacter* en nuestro estómago mantiene despierto y bien entrenado al sistema inmunitario, que no atacará estructuras propias, como ocurre en las enfermedades autoinmunes.

Sin embargo, tal y como te adelantaba hace un momento, **un pequeño porcentaje de las personas con** *H. pylori* **en sus estómagos sí tiene algún síntoma**. Puede provocar gastritis, úlceras de estómago e incluso se ha asociado con el desarrollo de cáncer de estómago.

Para poder sobrevivir en el planeta Gastrum, *H. pylori* ha imitado la capacidad de resistencia de las poblaciones del planeta Oralis, pero adaptándose a las complejidades de su propio hogar. Una de sus estrategias, por ejemplo, tiene que ver con su capacidad para reducir los niveles de acidez en el ambiente estomacal gracias a la acción de una enzima que produce, la ureasa. Esto, además de favorecer su supervivencia, causa un desequilibrio en la microbiota gastrointestinal, precisamente por ese cambio en las condiciones del entorno.

Cuando se da esta situación y la presencia de *H. pylori* se convierte en un verdadero problema para la salud del huésped, podemos valernos de la capacidad de antagonismo que muestran algunas cepas probióticas. Hay que tener en cuenta que no todos los probióticos van a sobrevivir y crecer en el ambiente tan ácido del estómago. Por eso, aunque *in vitro* pueden resultar interesantes varias especies, a la hora de su utilización hay que tener presente su capacidad de vivir en un ambiente tan hostil como es el del planeta Gastrum. Es como intentar repoblar un lago con ardillas o un bosque con truchas. El sentido común nos dice que tiene que ser al revés, porque cada una de estas especies es capaz de sobrevivir en un ambiente concreto, pero no en otros.

En este sentido, **una buena candidata como especie probiótica es** *L. acidophilus*. Su nombre ya nos da una pista de su capacidad para sobrevivir y crecer en ambientes ácidos. Además, distintas cepas de esta especie (LA-14 y LA-1) son capaces de contrarrestar de forma concreta a *H. pylori*. ¿Cómo? Por un lado, producen bacteriocinas que inhiben su crecimiento y, por otro, son capaces de coagregarse con esta bacteria, impidiendo que se adhiera a nuestro estómago.

Muchos profesionales de la salud se han interesado por el uso de probióticos específicos para luchar contra *H. pylori*. En muchos casos, la estrategia terapéutica estándar, basada en tandas de antibióticos y en el uso de los inhibidores de la bomba de protones de los que hablábamos antes, no sólo no resulta exitosa, sino que tiene consecuencias negativas para nuestros microorganismos «amigos».

Los tratamientos antibióticos tan agresivos generan un desequilibrio de la microbiota, que causa efectos secundarios como diarrea, hinchazón o incluso SIBO. En estos casos, también pueden resultar útiles distintas cepas probióticas si se acompañan con la toma de un antibiótico, aliviando estos efectos secundarios. Quizá **la especie más empleada como adyuvante a los antibióticos** es *Saccharomyces boulardii*. Como no se trata de una bacteria, sino de una levadura, los fármacos antibacterianos no le afectan. Asimismo, el *S. boulardii* ha demostrado ayudar a la eliminación de *H. pylori*. ¡Un auténtico dos por uno!

Además de esta levadura, otras especies bacterianas han demostrado **ser capaces de reducir los efectos secundarios de terapias antibióticas agresivas**, como *Enterococcus faecium* y *Bacillus subtilis*. Y, al menos en estudios *in vitro*, se ha descrito la capacidad de *E. faecium* de inhibir *H. pylori* y reducir la actividad de la ureasa, lo que haría un poco más difícil su supervivencia en el estómago.

Reflujo y dispepsia

Las personas que sufren de **reflujo gastroesofágico** normalmente reciben inhibidores de la bomba de protones. De nuevo, resulta útil la combinación de *E. faecium* y *B. subtilis* para contrarrestar el desequilibrio de la microbiota que generan estos fármacos. Algunos estudios han demostrado que en las personas que toman el antiácido y esta formulación probiótica se han identificado menos casos de SIBO. Para reducir los síntomas del reflujo también se puede tomar una cepa de *L. gasseri*, pues ha mostrado un efecto beneficioso.

Otro problema que nos podemos encontrar a nivel del estómago es la **dispepsia** o las malas digestiones. Este trastorno se asocia a síntomas como sensación de indigestión, saciedad precoz, eructos, náuseas y hasta hinchazón abdominal. Varias cepas de *Bacillus coagulans* han demostrado reducir algunos de estos molestos síntomas en pacientes que sufren este trastorno, que es un motivo recurrente de consulta, si bien es cierto que en muchas ocasiones puede existir algún proceso no diagnosticado que se debería valorar (como celiaquía, problemas de páncreas o falta de suficiente ácido en el estómago).

Resumen: probióticos para un planeta Gastrum ordenado

- **A la hora de elegir un probiótico para tratar problemas de estómago, tenemos que seleccionar aquellas especies que pueden habitar en el ambiente gástrico y que han mostrado utilidad en este tipo de trastornos, como, por ejemplo:**
    - ***L. acidophilus.***
    - ***E. faecium.***
    - ***B. coagulans.***
    - ***B. subtilitis.***
    - ***S. boulardii.***
    - ***L. gasseri.***

3.4. Planeta Intestinus: la microbiota más conocida

De campo o de ciudad

La microbiota del tracto intestinal es, sin duda, la más estudiada, pues en esta región se concentra la mayor parte de todos nuestros pequeños habitantes. Es como la capital del universo de ecosistemas microbianos que pueblan nuestro organismo. De hecho, tan importante y extensa es que podemos encontrar diversas regiones a lo largo del tubo digestivo. En función de las condiciones que encontremos en cada una de ellas, cambiará la conformación de nuestra microbiota.

La primera parte de nuestro intestino delgado, que es la más próxima al estómago, presenta unas condiciones muy concretas: tiene un pH un poco más ácido, que se irá alcalinizando poco a poco, es decir, el pH va subiendo cuanto más nos alejamos del estómago; cuenta con sales biliares y enzimas pancreáticas que van a permitir descomponer y digerir los alimentos; hay una baja concentración de oxígeno, y presenta una mayor velocidad del tránsito intestinal respecto al intestino grueso.

Estas condiciones hacen que la densidad de microorganismos en el intestino delgado sea más baja que en el colon y el recto. A mí, que soy gallega, me recuerda a la distribución poblacional de mi tierra. El intestino delgado sería como alguna zona rural, en la que el número de habitantes es mucho más reducido, y el recto o el colon serían las grandes ciudades, como Vigo o A Coruña.

Por eso hablamos de las regiones microbianas como planetas o como ciudades y regiones, porque las características ambientales que encontremos en ellas permitirán un tipo de vida (microscópica, en este caso). Por ejemplo, esa baja cantidad de oxígeno presente en el intestino delgado será importante para que «pueblen» esta zona los microorganismos anaerobios estrictos, es decir, los que no pueden vivir en contacto con este gas.

A pesar de todo, la composición exacta de la microbiota del intestino delgado es difícil de estudiar, a no ser que se empleen técnicas invasivas. Esto explica que, cuando se recoge una muestra fecal, estará mayoritariamente representada la microbiota del intestino grueso. Esta zona, como te adelantaba antes, alberga la mayor densidad de microorganismos de nuestro cuerpo. Es la capital de la capital, el espacio más poblado de bichillos dentro del planeta más importante a nivel microbiano de nuestro organismo. ¿Por qué? En gran parte por los movimientos peristálticos, que son más lentos en el colon, lo cual permite que vivan en él una mayor cantidad de microorganismos. Pero también encontramos condiciones de acidez y cantidades de oxígeno diferentes.

La barrera intestinal

Una de las características más interesantes del planeta Intestinus (nuestro intestino) es su barrera, una suerte de muro de protección que resulta fundamental para la salud de este órgano.

La superficie (o epitelio) intestinal está formada por una única capa de células que deben permanecer muy juntas gracias a unas estructuras que se llaman uniones estrechas (en inglés, TJ o *Tight Junctions*). Lo que sí permite esta capa es el paso controlado de nutrientes, agua u otras sustancias beneficiosas para nuestro cuerpo.

Sobre el epitelio de células encontramos una capa de moco, simple en el caso del intestino delgado y doble en el intestino grueso. Este moco es fundamental, ya que separa físicamente los microorganismos intestinales (recordemos que no todos los microorganismos que encontramos en él son «amigos») del contacto directo con nuestras células. Pero además, es el hogar de muchos de los miembros de nuestra microbiota, facilita la formación de colonias bacterianas e incluso ciertos microorganismos se alimentan de él (como nuestra amiga la *Akkermansia*).

Por lo tanto, y haciendo un resumen, quédate con la idea de que tener unas uniones estrechas saludables y una correcta capa de moco harán de tu barrera intestinal un muro que ya gustaría a los de *Juego de tronos*.

Y es que cuando no se dan estas dos circunstancias y nuestra barrera está dañada, se produce un **problema de hiperpermeabilidad** y a nuestro torrente sanguíneo le llega no sólo lo bueno, sino también todo lo malo. ¡Imagínate! Restos de comida sin digerir, patógenos, toxinas... Este trastorno, conocido coloquialmente como «síndrome del intestino agujereado», está detrás de muchos problemas intestinales y de otros como endotoxemias, alergias, intolerancias alimentarias, mala absorción de nutrientes, inflamación de bajo grado... Es el famoso *leaky gut*.

Algunas cepas probióticas como *B. longum* **BB536** estimulan la producción de las proteínas que forman parte de las uniones estrechas, por lo que nos ayudan a reducir el exceso de permeabilidad intestinal. En general, **diferentes especies de bifidobacterias**, gracias a su capacidad de producir ácidos grasos de cadena corta, han demostrado ejercer una acción beneficiosa sobre la barrera, estimulando la producción de moco y ayudándonos a tapar esos agujeros de nuestro muro.

Resumen: probióticos para una barrera intestinal sólida

- ***Bifidobacterium* spp.**
- ***B. longum* BB536.**

Un trastorno que afecta al intestino delgado, aunque realmente su alcance es sistémico, es la **enfermedad celíaca**. Los síntomas, por tanto, pueden ser digestivos o extradigestivos. Se trata de un proceso crónico y con base autoinmune provocado por la presencia del gluten, que encontramos en cereales como el trigo, la cebada o el centeno.

En la enfermedad celíaca también está descrita una alteración de la microbiota. Esta disbiosis favorece el proceso inflamatorio, un exceso de permeabilidad intestinal y afecta a la degradación de las proteínas de gluten, y todo ello promueve la actividad aberrante del sistema inmune frente a esta proteína.

Al tratarse de una patología autoinmune, se ha planteado la posibilidad de usar *Lacticaseibacillus* por su capacidad inmunomoduladora, pero lo que más se ha estudiado hasta el momento es el uso de distintas cepas de bifidobacterias y resulta especialmente prometedor *B. longum*.

La implicación de la microbiota en las **alergias alimentarias** también parece clara. Esto se asocia con la hipótesis de la higiene, que propone que la falta de contacto con microorganismos comensales en nuestro entorno (exceso de antibióticos, industrialización, higienización de alimentos, etc.) estaría detrás de la reacción exagerada del sistema inmunitario frente a alérgenos inofensivos como el polen o ciertos alimentos.

De nuevo, en las alergias alimentarias la microbioterapia también parece útil. En niños con alergia a la leche de vaca se probó la combinación de *L. casei* y *B. lactis* y, para la alergia a la proteína de la leche, se ha estudiado el uso de *L. rhamnosus* GG, *B. bifidum*, *B. longum* o *B. breve*.

Resumen: probióticos para celiaquía y alergias alimentarias

- ***Bifidobacterium* spp.**
- ***Lacticaseibacillus.***

SIBO: recuperar el equilibrio

Pero volvamos al intestino delgado. Uno de los trastornos que más afecta a esta región de nuestro planeta Intestinus es el **sobrecrecimiento de microorganismos**. Si estás leyendo este libro, seguro que eres un apasionado (o al menos interesado) de la microbiota, por lo que leerás las últimas novedades en torno a ella en tu móvil y no me extrañaría nada que te sonasen las siglas SIBO, pero quizá no sepas qué es esa palabreja que tanto resuena últimamente.

Como te explicaba, el SIBO es el sobrecrecimiento de algún tipo de microorganismo. Según lo que esté en exceso, hablaremos de un tipo de SIBO o de otro. Si lo que predomina son bacterias, se habla de SIBO, pero si lo que está sobrecrecido son un tipo de bichitos llamados arqueas metanógenas (productoras de metano), entonces es preferible hablar de IMO *(Intestinal Methanogen Overgrowth)*. Por el contrario, cuando lo que está demasiado presente en la población del intestino delgado son hongos, tendremos un SIFO *(Small Intestinal Fungal Overgrowth)*. Y también puede haber un exceso de bacterias productoras de sulfuro de hidrógeno.

Al final, todas estas situaciones son, en realidad, un tipo de disbiosis, de desequilibrio de la microbiota. Y, aunque cada una de estas variables tiene sus propias características, en general se observan síntomas intestinales comunes, como gases, hinchazón, dolor abdominal y cambios en el tránsito intestinal, bien sea en forma de diarrea, de estreñimiento o de ambos.

El tratamiento habitual para eliminar este exceso de microorganismos es la terapia antibiótica, pero también podemos ayudarnos de ciertos microorganismos probióticos para contrarrestar el sobrecrecimiento de microbios en el intestino delgado. Parece un mantra que los probióticos no se pueden dar en casos de SIBO, pero lo cierto es que sí se pueden emplear y resultan de gran ayuda, siempre que se seleccione adecuadamente el tipo de especie y de cepas, pues una mala elección puede suponer un empeoramiento de los síntomas.

Si hay un **sobrecrecimiento de hongos (SIFO)**, lo más habitual es que el responsable sea *C. albicans*. Para controlarlo resulta útil emplear cepas de *Saccharomyces boulardii*, porque sigue la ley de «quítate tú, que me pongo yo», típica de dos microorganismos que compiten por colonizar un espacio, en este caso la parte fúngica de nuestra microbiota. De este modo, *S. boulardii* mantiene a raya a otros hongos intestinales y evita que sobrecrezcan y provoquen síntomas.

En la mayoría de los casos, **el auténtico SIBO bacteriano** es causado por un exceso de bacterias como *Klebsiella, Escherichia, Clostridium, Enterobacter, E. faecalis*... Para controlar su población se suelen utilizar algunas cepas de *E. faecium, L. acidophilus, L. plantarum* o incluso también de *S. boulardii*.

L. plantarum también parece útil **cuando el sobrecrecimiento es de metanógenas**, pues algunas cepas consiguen reducir la población no sólo de bacterias en sobrecrecimiento, sino también de arqueas productoras de metano. Este gas tiene un efecto perjudicial sobre la motilidad intestinal y provoca que el tránsito se ralentice, motivo por el cual un exceso de arqueas suele coincidir con cuadros de estreñimiento. *L. plantarum* también ha demostrado reducir la población de la bacteria productora de sulfuro de hidrógeno, *Desulfovibrio*. Existe un tipo de SIBO consistente en el sobrecrecimiento de este tipo de bacterias.

De todas maneras, más allá de tratar concretamente el SIBO, deberíamos **identificar y solucionar la causa del sobrecrecimiento** (falta de ácido en el estómago, baja producción de sales biliares, de enzimas pancreáticas o de anticuerpos específicos con acción antimicrobiana, alteración de la motilidad intestinal por fármacos o trastornos), porque, de otro modo, no habrá una mejoría a largo plazo.

Resumen: probióticos para el sobrecrecimiento de microorganismos

- **Si bien cada tipo de sobrecrecimiento (SIBO, IMO y SIFO) tiene sus peculiaridades y se podrían emplear probióticos distintos para cada uno de ellos, en general suelen recomendarse formulaciones que contengan cepas de los siguientes:**
  - ***S. boulardii.***
  - ***E. faecium.***
  - ***L. acidophilus.***
  - ***L. plantarum.***

Síndrome de intestino irritable

Otro trastorno intestinal en el que parece estar implicada la microbiota es el **síndrome de intestino irritable** (SII), un trastorno que hasta hace bien poco se consideraba funcional, es decir, sin una aparente causa anatómica. Sus principales síntomas son dolor abdominal y alteraciones del tránsito intestinal. En muchos de los pacientes diagnosticados de SII se identifica también SIBO, intolerancia a la lactosa o alergia sistémica al níquel e incluso se ha asociado con el estrés.

La microbiota es clave en la comunicación entre el intestino y el cerebro, que es bidireccional. En realidad, en la actualidad se considera que el SII es un trastorno de esta conexión intestino-cerebro y se aboga por abandonar el término *funcional*. El exceso de sulfuro de hidrógeno también se ha asociado con el dolor visceral que puede tener lugar en el SII, por eso sabemos que los probióticos, si se escogen bien, pueden ser una herramienta útil también en estos casos.

Sobre todo se han estudiado **especies de bifidobacterias**. Dos de ellas son *B. bifidum* y *B. infantis*, que han demostrado reducir el dolor y el malestar intestinal. Por otro lado, distintas cepas de *B. longum* también resultan de utilidad para el tratamiento de este trastorno. Esta especie no sólo ha logrado reducir las molestias en los pacientes con SII, sino que también ha demostrado capacidad para modular el eje intestino-cerebro.

En un estudio en personas con SII y **alergia sistémica al níquel** se demostró la importancia de la microbiota en estos trastornos, ya que en muchos casos no se logró mejorar los síntomas únicamente con cambios en la dieta (por ejemplo, reduciendo los alimentos ricos en níquel). En ese mismo estudio se realizó una intervención con probióticos por fases. En la primera fase, durante doce días se dio una combinación de *E. faecium* UBEF-41, *L. acidophilus* LA-14 y dos cepas de *S. boulardii*. Y, en la segunda, dos combinaciones: *L. salivarius* LS33, *B. bifidum* BGN4 y *L. acidophilus* LA-14 en una comida, y *L. rhamnosus* LR32, *B. lactis* Bl04 y *B. longum BB536* en otra comida. Tras tres meses de tratamiento, fue significativa la mejoría de los síntomas en los pacientes que siguieron la pauta probiótica frente a los que no recibieron probióticos: se redujeron las náuseas, el reflujo, la hinchazón y el dolor abdominal, así como los episodios de diarrea o de cansancio que referían.

Resumen: probióticos para el SII y la alergia sistémica al níquel

- ***Bifidobacterium* spp.**
- ***E. faecium* UBEF-41, *L. acidophilus* LA-14 y *S. boulardii.***
- ***L. salivarius* LS33, *B. bifidum* BGN4 y *L. acidophilus* LA-14.**
- ***L. rhamnosus* LR32, *B. lactis* Bl04 y *B. longum* BB536.**

Estreñimiento

Una de las alteraciones intestinales más frecuentes es el **estreñimiento**. Es importante intentar conocer la causa a la hora de abordar este problema con microbioterapia, pues en algunos casos puede estar asociado al IMO (uno de los tipos de SIBO de los que hablábamos antes), en otros se debe a un déficit de magnesio y en otros casos podría ser una consecuencia del SII, aunque también puede presentarse como un fenómeno aislado.

Tampoco hay un patrón de disbiosis único en las personas estreñidas, aunque un rasgo común en todas ellas es la menor presencia de bifidobacterias en su microbiota. Por este motivo, la mayor parte de los estudios ponen el foco en estas bacterias como los microorganismos probióticos clave para atajar el estreñimiento. A partir de los carbohidratos fermentables de la dieta, las bifidobacterias producen ácidos grasos de cadena corta, que interaccionan con el sistema nervioso entérico (el conjunto de neuronas que encontramos a nivel intestinal y conforman nuestro «segundo cerebro») y favorecen los movimientos peristálticos. Vamos, que los **ácidos grasos de cadena corta** son a los intestinos lo que la música a nuestro cuerpo... ¡Incitan al movimiento!

Como ya comentamos, en el intestino tenemos neuronas y a nivel intestinal se producen neurotransmisores (como la serotonina) que, entre otras funciones, modulan el peristaltismo. Por eso, además de aportar microorganismos probióticos es importante asegurar una adecuada cantidad de fibra fermentable en la dieta. En este sentido, pueden ser de ayuda los prebióticos y los sinbióticos.

De manera concreta, *B. infantis* y varias cepas de *B. breve* han demostrado utilidad para contrarrestar el estreñimiento y la hinchazón abdominal, en algún caso en combinación con *L. plantarum*. Por su parte, *B. longum* BB536 ha demostrado «organizar» el tránsito intestinal que está un poco alterado. En casos de estreñimiento, parece incrementar la frecuencia de las defecaciones, mientras que en la diarrea echa un poco el freno y ayuda a normalizar las idas y venidas al baño.

Resumen: probióticos para contrarrestar el estreñimiento

- **Conocer la causa del estreñimiento es fundamental para elegir el microorganismo probiótico, pero en general resultan útiles los siguientes:**
    - ***Bifidobacterium* spp.**
    - ***B. longum* BB536.**
    - ***L. plantarum*.**

Enfermedad inflamatoria intestinal

La **enfermedad inflamatoria intestinal** (EII), que engloba a la colitis ulcerosa y la enfermedad de Crohn, es un trastorno crónico e inflamatorio que afecta a la mucosa intestinal. El origen de la EII es multifactorial, es decir, influyen factores genéticos y ambientales, y cada vez parece más claro que la microbiota tiene un papel muy importante en su desarrollo.

Se ha descrito un patrón de disbiosis en las personas con EII en el que se observa una pérdida de diversidad microbiana, especialmente de bacterias productoras de butirato (ácido graso de cadena corta del que te he hablado en el apartado de los posbióticos), como *Faecalibacterium prausnitzii*, y el incremento de algunos microorganismos que se nutren de la capa de moco intestinal. También aumentan las bacterias reductoras de sulfato e incluso especies patógenas. Esto favorece la pérdida del moco, el aumento de la permeabilidad y la inflamación intestinal.

Distintos microorganismos **probióticos han demostrado utilidad para reducir la inflamación en los pacientes con EII**. Es el caso de *L. salivarius* LS33, que reduce la inflamación de la mucosa en casos de colitis, además de tener una muy buena capacidad de adhesión a nuestro intestino. Por otro lado, *B. bifidum* BGN4 es otra de las cepas que se emplean en estos pacientes. En dos estudios en individuos con colitis ulcerosa que tomaban mesalazina, el fármaco antiinflamatorio habitual en estos casos, se comprobó que añadir la combinación de *L. salivarius* LS33, *B. bifidum* BGN4 y *L. acidophilus* LA-14 mejoraba los síntomas y reducía todavía más la inflamación intestinal.

Pero, espera, que aún hay más. Tenemos una proteína, la HSP60, que pertenece a una familia de proteínas que se llama chaperonas, fabricadas por nuestras células, pero también por los microorganismos. Éstas ayudan a otras proteínas a plegarse y protegen a las células de diversos factores estresantes, como una temperatura inadecuada o alteraciones del pH. Sin embargo, cuando hay un exceso de esta proteína, nuestro sistema inmunitario entiende que está pasando algo malo y acude al ataque, colaborando en la inflamación. Esto sucede, por ejemplo, en la EII. Y aquí entran en escena nuestros amigos los probióticos. En los estudios que te acabo de comentar, se observó que disminuía la cantidad de HSP60 presente en la mucosa, es decir, que estas cepas actúan por múltiples vías para reducir la inflamación.

En otro estudio, un producto multicepa con ocho microorganismos distintos (cuatro lactobacilos, tres bifidobacterias y un *S. thermophilus*) también obtuvo buenos resultados en pacientes con colitis ulcerosa cuando lo combinaban con los antiinflamatorios farmacológicos.

Por lo tanto, aportar ciertas cepas de lactobacilos y bifidobacterias puede ayudar a mejorar la inflamación como una estrategia de acompañamiento a los tratamientos convencionales de las EII. Así fue en el caso de Lorenzo, como te conté en la introducción.

Resumen: probióticos para la EII

- **Parecen ser útiles diferentes especies de lactobacilos, bifidobacterias o *S. thermophilus*, o la combinación de *L. salivarius* LS33, *B. bifidum* BGN4 y *L. acidophilus* LA-14.**

3.5. El satélite del planeta Intestinus: Hepaticón

Nuestro intestino es un tipo sociable. A la comunicación constante que tiene con nuestro cerebro (del que hablaremos más adelante) se le suma otra, también bidireccional, que mantiene con el hígado a través de nuestra microbiota. Muchas sustancias que se producen en el hígado, como los ácidos biliares, terminan influyendo en nuestra microbiota intestinal. Además, los microorganismos intestinales tienen la capacidad de transformar sustancias como esos ácidos biliares, los aminoácidos u otras partículas ambientales. Sus desechos se transportan a través de la vena porta (una especie de autopista intestino-hígado) e impactan en la función hepática. Dependiendo de qué microorganismos conformen nuestra microbiota intestinal puede llegar una mayor o menor cantidad de sustancias nocivas al hígado.

En este contexto, quizá la primera patología en la que pensamos sea el **hígado graso por consumo de alcohol**, en la que se han estudiado formulaciones a base de bifidobacterias. Se han probado combinaciones de *B. longum* con FOS o combos de *B. bifidum y B. longum*.

Lo que demuestran los resultados de estos estudios es que con la toma de probióticos se logran reducir los niveles de amonio y transaminasas en sangre. El amonio es un producto de desecho de nuestro metabolismo y, cuando el hígado no funciona bien, se acumula en la sangre. Las transaminasas son unas enzimas que están en muchas células del cuerpo y, cuando aparecen con asteriscos en la analítica de sangre, nos están diciendo que hay células hepáticas que se han dañado o muerto.

Por su parte, *L. fermentum* también ha demostrado proteger el hígado del consumo de alcohol, pero por ahora sólo se ha estudiado en modelos animales.

Que el alcohol es dañino para el hígado no es ninguna sorpresa, ¿verdad? Sin embargo, mucha gente no sabe que la primera causa de enfermedad hepática en las sociedades industrializadas es la **esteatosis hepática no alcohólica**. En la bibliografía anglosajona verás que hablan de ella como NAFLD, sigla impronunciable que hace referencia al *Non-Alcoholic Fatty Liver Disease*. Literalmente, el hígado se llena de grasa. Esto sucede en contextos de resistencia a la insulina y se asocia más a un consumo exceso de hidratos de carbono refinados y fructosa que a la grasa. En esta situación, se sabe que hay alteraciones de la microbiota intestinal y un exceso de permeabilidad.

Por eso se han llevado a cabo estudios tanto en animales como en seres humanos con diversas cepas probióticas y combinaciones de ellas. La mayoría de los estudios incorporan cepas de *L. acidophilus*, *L. rhamnosus* o algún *L. casei* o *paracasei*. Dentro de las bifidobacterias, tanto *B. longum* como *B. breve* forman parte de las formulaciones testadas. El uso de probióticos ha demostrado disminuir las cifras de transaminasas, la cantidad de grasa acumulada en el hígado y otros parámetros relacionados con la resistencia a la insulina o la inflamación.

Resumen: probióticos para el cuidado de Hepaticón

- **Para mejorar la función hepática se han probado diferentes formulaciones con cepas de los siguientes:**
  - ***B. bifidum.***
  - ***B. longum.***
  - ***B. breve.***
  - ***L. acidophilus.***
  - ***L. rhamnosus.***
  - ***L. casei.***
  - ***L. paracasei.***

3.6. Microbiota y metabolismo, el combustible para viajar entre planetas

Además de nuestros planetas, el organismo tiene una serie de sistemas que rigen y tutelan todas las funciones vitales básicas. El metabolismo es esa palabreja que a veces no sabemos bien a qué hace referencia, aunque sabemos que representa algo importante en nuestra salud. Cuando hablamos de metabolismo, nos referimos a todas esas reacciones químicas que suceden en nuestro cuerpo para transformar los alimentos en energía.

Por supuesto, la microbiota tiene un papel clave en el metabolismo, es decir, en cuántos nutrientes y energía obtenemos de la comida. Ya lo comenta la Dra. Arponen en su libro *¡Es la microbiota, idiota!* La frase «Somos lo que comemos» quizá deba actualizarse, pues como ella apunta: «Somos lo que la microbiota hace con lo que comemos».

Colesterol

La fracción bacteriana de nuestra microbiota nos ayuda a digerir ciertos componentes de los alimentos, como alguna fibra fermentable, y produce vitaminas, ácidos grasos de cadena corta... Además, hay otras formas en las que nuestros pequeños amigos influyen en el metabolismo.

Algunos microorganismos probióticos logran modular los niveles de colesterol en sangre mediante varios mecanismos. Por un lado, algunas cepas producen enzimas que **desconjugan las sales biliares**. Es lo que se conoce como actividad hidrolasa. Cuando esto ocurre, las sales son eliminadas por las heces y nuestro cuerpo tiene que formar nuevas «unidades», en lugar de reciclarlas. Debemos tener en cuenta que para formar sales biliares nuestro cuerpo emplea colesterol. Por lo tanto, sintetizar sales biliares *ex novo* nos obliga a usar grandes cantidades de esta grasa, con la consecuente reducción de los niveles de colesterol en sangre.

Por otro lado, ciertas bacterias son capaces de unir el colesterol a su pared celular o incorporarlo en sus propias membranas, como si fuera una especie de secuestro. Así, cuanto más crezcan los microorganismos con esta capacidad de captar colesterol, mayor será su requerimiento de esta grasa y también mayor la reducción de sus niveles en nuestra sangre e hígado.

Entre los microorganismos que presentan actividad hidrolasa de las sales biliares, la enzima «desconjugadora» de la que hablamos, encontramos varias cepas de *L. plantarum*. Además de bajar el colesterol, algunas de estas cepas han demostrado disminuir los triglicéridos. Un dos por uno muy útil para nuestro sistema metabólico. Distintas especies de bifidobacterias exhiben también esta actividad anticolesterol, como *B. bifidum* y *B. longum* (BB536), que reducen el colesterol total y el LDL (*Low Density Lipoprotein*), también conocido como colesterol «malo».

Obesidad

Sin duda, uno de los problemas más acusados en las sociedades occidentales en relación con el metabolismo y la salud es la obesidad, no solamente en los adultos, sino también en la población infantil. Esta enfermedad, que muchas veces ha estado rodeada de falta de entendimiento social y clichés, se entiende ahora como una patología multifactorial, para la que se buscan nuevas estrategias terapéuticas, sobre todo porque un gran número de pacientes no han cosechado éxito con los tratamientos tradicionales y tiran la toalla. Y es aquí donde los probióticos han entrado en juego.

En un estudio en personas con obesidad que llevaban a cabo una estrategia para bajar peso (dieta hipocalórica, neuroestimulación del dermatoma T6 para incrementar la saciedad y ejercicio moderado), se comprobó el efecto de la suplementación con la combinación de cepas *L. plantarum* LP-115, *B. breve* B3 y *L. acidophilus* LA-14. En los individuos que tomaban el probiótico, se logró una mayor pérdida de peso y una bajada muy acusada de los triglicéridos, además de mejorar otros parámetros metabólicos. Uno de estos parámetros es la hemoglobina glicosilada, que nos da una idea de los valores de glucosa en sangre de los últimos tres meses. Alguna cepa de *B. lactis* también ha resultado interesante en la disminución de la grasa corporal y del perímetro de la cintura.

Por otro lado, si la obesidad se asocia a estreñimiento, puede estar relacionada con el IMO, el sobrecrecimiento de metanógenas. Quizá por eso las mismas cepas ayudan en una situación y en la otra. Lo que comentaré a continuación para la resistencia a la insulina también es una estrategia válida para las personas con obesidad, pues ambas situaciones suelen ir de la mano.

Diabetes y resistencia a la insulina

Otras especies bacterianas han demostrado utilidad en casos de diabetes o resistencia a la insulina, que, en muchos casos, es el paso previo al desarrollo de esta enfermedad tan común en nuestra sociedad actual.

Pero ¿en qué consiste la **resistencia a la insulina**? Veamos qué sucede en esta situación. Para empezar, piensa que la insulina es como la llave que permite que las células del tejido graso capten la glucosa para guardarla en forma de grasa y que no haya demasiada glucosa en sangre. Cuando comemos y sube la glucosa en sangre, el páncreas fabrica insulina, la cual le dice al tejido adiposo: «Mira, toma toda esta glucosa y guárdala, ahora que hay, para cuando no haya». En realidad, la insulina también permite que el hígado y el músculo guarden la glucosa, pero en otro formato, el glucógeno.

Y esto está fenomenal, pero, cuando se come muchas veces al día, sobre todo con demasiados hidratos de carbono refinados, llega un momento en que algunos tejidos, como el adiposo, se hacen resistentes a la insulina por su excesiva y continua presencia.

Llegado ese momento, cuando aumente la glucosa en sangre y aparezca la insulina, nuestros tejidos, hartos ya de tanta insulina, no responderán a ella; pero el páncreas producirá más insulina para conseguir meter la glucosa en los tejidos, por mucho que éstos se resistan. En esta tesitura, nuestros músculos e hígado sólo responden cuando la cantidad es ya excesiva. Al final, llegará un momento en que el páncreas se agotará y no podrá fabricar suficiente insulina y, entonces, surge la diabetes tipo 2.

Porque, como seguro sabes, existen **varios tipos de diabetes**. La diabetes tipo 1, también conocida como insulinodependiente, se produce cuando hay una pérdida de la función de las células productoras de insulina, normalmente por un factor autoinmune. Suele darse en personas jóvenes y es una patología crónica. Por el contrario, la diabetes tipo 2 se asocia a la obesidad y el síndrome metabólico. Lo que ocurre en este caso es que los tejidos no responden, es decir, son resistentes a la insulina, y es al final de ese camino que te he contado cuando el páncreas se agota.

Hasta hace poco la diabetes tipo 2 se asociaba a personas adultas, pero cada vez hay más niños que la sufren debido a los nefastos hábitos de vida en general de nuestra sociedad, principalmente el sedentarismo y el consumo de productos ultraprocesados. Además, existe un tipo de diabetes que debuta durante el embarazo, la diabetes gestacional, favorecida por factores de riesgo como el sobrepeso o la obesidad y los cambios hormonales de esa etapa.

En pacientes con diabetes tipo 2, el tratamiento con una cepa de *L. casei* mejoró la respuesta a la insulina. En mujeres embarazadas, la suplementación con *L. rhamnosus* HN001 a partir del segundo trimestre redujo el riesgo de diabetes gestacional. En otro trabajo también en gestantes se observó un efecto positivo de la dieta y la combinación probiótica de *L. rhamnosus* GG y *B. lactis* BB12 para el control de la glucosa en esta etapa.

En casos de resistencia a la insulina, se ha observado que *L. plantarum* LP-115 resulta eficaz para aumentar la sensibilidad a la insulina.

No quería cerrar este apartado sin mencionar los efectos prometedores sobre el metabolismo de *Akkermansia muciniphila*, uno de los probióticos de nueva generación. En Europa se aprobó su uso como parabiótico en 2021, pero en Estados Unidos ya hace tiempo que se comercializa. En personas con obesidad ha demostrado reducir el colesterol y mejorar la sensibilidad a la insulina.

Sin embargo, un exceso de *A. muciniphila* quizá no sea beneficioso, pues provoca el adelgazamiento de la capa de moco intestinal y se asocia con algunos trastornos. En consecuencia, su empleo como microorganismo probiótico no parece inminente hasta que no tengamos claros sus beneficios frente a sus debilidades.

Resumen: probióticos para modular el metabolismo

- **Especies de bifidobacterias:**
  - ***B. bifidum.***
  - ***B. longum.***
  - ***B. lactis.***
  - ***B. breve.***
- **Especies de lactobacilos:**
  - ***L. plantarum.***
  - ***L. casei.***
  - ***L. rhamnosus.***

3.7. Microbiota y sistema inmunitario, el ejército interplanetario

Si hay un sistema conocido por todos, y más después de estos dos últimos años, es el inmune, nuestra fortaleza, nuestra gran barrera de defensa. Aunque todos tenemos alguna idea del papel de este complejo mecanismo, nos pasa como con el metabolismo, no acabamos de comprender qué es ni cómo funciona. Hagamos un pequeño repaso.

El sistema inmunitario es el **conjunto de tejidos, células y moléculas que nos defienden de infecciones y otras enfermedades**. La piel o la mucosa intestinal forman parte de este complejo sistema. Por otro lado, hay una gran cantidad de células especializadas: neutrófilos, basófilos, eosinófilos, células *Natural Killer*... Seguro que recuerdas aquellos personajes de blanco de la mítica serie de dibujos *Érase una vez la vida* que andaban alerta ante cualquier peligro. Eran las células de nuestro sistema de defensa. Pues bien, que este pequeño ejército esté bien o mal entrenado es, en gran medida, función de la microbiota.

Tanto es así que uno de los papeles más reconocidos de

nuestra microbiota es modular la respuesta del sistema inmunitario. Se sabe que una mala configuración de la microbiota en la infancia o la alteración de su composición a lo largo de la vida influirá en las respuestas de nuestro ejército de células inmunitarias ante lo propio y lo ajeno.

Niños y mayores, el nacimiento y el declive de nuestra inmunidad

Al nacer, los bebés tienen un sistema inmunitario inmaduro. Los primeros colonizadores microbianos de sus intestinos tendrán, por tanto, la labor de entrenar por primera vez a sus células para que sepan separar la paja del grano (lo bueno de lo malo).

Por ejemplo, las **bifidobacterias**, que deberían ser el género predominante en los bebés, tienen una **acción antiinflamatoria** a nivel intestinal y promueven que la **respuesta del sistema inmune sea tolerante**, es decir, que deje tranquilo aquello que no molesta. Por eso, cuando la configuración de la microbiota no es óptima y la población de bifidobacterias es reducida, pueden aparecer patologías relacionadas con el sistema inmunitario, como alergias, atopias, asma, autoinmunidades...

En esta circunstancia, podemos valernos de la capacidad de los probióticos que estén formulados a base de esos «soldaditos» microbianos que están disminuidos en la microbiota del pequeño y que han demostrado modular la respuesta inmunitaria. En general, podemos afirmar que los géneros *Bifidobacterium* y *Lacticaseibacillus* son muy buenos moduladores de la actividad inmunitaria.

Si en la etapa inicial de nuestra vida nuestro sistema inmune está en pleno entrenamiento para fortalecerse de cara a los retos que nos esperan durante la infancia y la edad adulta, a medida que nos acercamos a la vejez nuestra fortaleza va menguando. **El proceso de envejecimiento va acompañado del «debilitamiento» de la respuesta inmunitaria**, y por este motivo las personas mayores pueden ser más vulnerables a una infección o responden peor a una vacuna, es decir, generan menos anticuerpos de memoria.

De nuevo, los probióticos bien seleccionados pueden ser una estrategia útil para ayudar a paliar la reducción de la capacidad inmunitaria. Algunas cepas de lactobacilos, como *L. paracasei*, *L. plantarum*, *L. acidophilus*, además de bifidobacterias como *B. lactis* o *B. longum* BB536, han demostrado mejorar la producción de anticuerpos cuando se usan como adyuvantes a la vacunación.

Infecciones respiratorias y problemas de piel

En el caso de las **infecciones respiratorias** también se han empleado con éxito diferentes cepas probióticas, porque una microbiota intestinal equilibrada también influye en el sistema respiratorio, a través del llamado eje intestino-pulmón. Varias cepas de *B. lactis*, *B. bifidum* y *L. rhamnosus* han resultado eficaces tanto para la prevención de los resfriados como para acortar y reducir la severidad de estos episodios.

En las infecciones respiratorias también es importante el equilibrio de la microbiota orofaríngea y pulmonar. Estos microorganismos comensales son esenciales para mantener la homeostasis del sistema respiratorio. La aplicación nasal de *S. salivarius* y *S. oralis* ha demostrado reducir los casos de rinosinusitis, tos o dolor de oídos en niños. También se ha probado el uso de *L. casei* por esta vía intranasal, logrando mejorar la función de barrera y disminuir la inflamación en casos de rinosinusitis crónica. Aun así, todavía no está extendido el uso de los probióticos en esta forma de aplicación.

En casos de **alergias** estacionales, *B. longum BB536* reduce los síntomas y la producción de inmunoglobulina E (IgE), un tipo de anticuerpo que se eleva en estos procesos. En estas situaciones también puede ser útil *L. paracasei*, por su capacidad de modular la liberación de histamina.

Otro tipo de trastornos que están inmunomediados son aquellos que afectan a la **piel**: eccemas, atopias, dermatitis... Varias cepas de *L. rhamnosus* previenen la aparición de eccemas y dermatitis en niños. *L. paracasei* también resulta de utilidad en las personas que tienen una piel muy reactiva. Del mismo modo, la combinación de las cepas *B. breve* M-16V y *B. longum* BB536 parece reducir el riesgo de eccemas y dermatitis en bebés cuando se suplementa a las mamás durante el embarazo y el posparto.

Defensa antiviral

Por otro lado, y como resulta evidente, una correcta respuesta inmunitaria es básica para combatir las **infecciones virales**. Parte de nuestro sistema de defensas está especializado en reconocer y eliminar las células infectadas por virus. Esto lo vemos muy claramente en virus que están latentes o dormidos, como el herpes simple labial, que cuando coge al sistema inmune un poco despistado aprovecha para despertar y provocar los molestos síntomas que todos conocemos.

Por su acción moduladora del sistema inmune, muchas cepas pueden ser de ayuda en este sentido. Pero hay más, ya que algunos microorganismos probióticos producen sustancias con acción antiviral o impiden la unión de las partículas virales a las células humanas.

Frente a los virus resultan muy útiles las especies de *Lacticaseibacillus*, como *L. rhamnosus* o *L. paracasei*. *L. del-*

brueckii, *L. fermentum*, *L. reuteri* y alguna bifidobacteria, como *B. longum* BORI, también pueden inhibir la replicación viral o mejorar la respuesta a la infección por diferentes virus.

Oncobióticos

Dentro de las tendencias de la medicina personalizada para la práctica de la oncología de precisión, hay mucho interés por las cepas bacterias consideradas **oncobióticas**, que son aquellas que, por su capacidad inmunomoduladora, se emplean como **adyuvantes a los tratamientos oncológicos**.

Varias especies de *Lacticaseibacillus* podrían clasificarse dentro de este grupo, ya que en estudios *in vitro L. casei* ha demostrado favorecer la apoptosis o muerte celular de líneas celulares de cáncer de colon, de cuello de útero o de vejiga. Por su parte, la cepa *L. paracasei* Shirota, combinada con fibra, se estudió en personas operadas de tumores colorrectales, demostrando reducir la aparición de nuevas lesiones.

Además, entre los efectos secundarios que causan los tratamientos oncológicos están las diarreas y las infecciones por patógenos oportunistas, como *Candida*. En este aspecto, *B. longum* BB536, solo o en combinación con *L. acidophilus*, parece de utilidad para reducir o tratar estos efectos secundarios y mejorar, dentro de lo posible, la calidad de vida de estos pacientes.

Resumen: probióticos para tener a punto el ejército interplanetario

- ***Bifidobacterium*** **spp.**
- ***Lacticaseibacillus:***
  - ***L. casei.***
  - ***L. paracasei.***
  - ***L. rhamnosus.***
- ***L. plantarum.***
- ***L. acidophilus.***
- ***L. delbrueckii.***
- ***L. fermentum.***
- ***L. reuteri.***

3.8. Planeta Neuronalia, ¿una galaxia aparte?

¿Un segundo cerebro?

A medida que avanzas en la lectura de este libro y, por tanto, por los distintos «planetas» que hay en tu organismo, vas aprendiendo cómo la población bacteriana que hay en ellos influye de una u otra manera en tu salud. De momento, todo parece estar conectado: los planetas Oralis e Intestinus, el metabolismo, las defensas... Pero ¿qué pinta el cerebro en todo esto? ¿Microbiota y cerebro? ¿Probióticos y cerebro? No puede ser, pensarás.

Pues puede y, francamente, no es algo tan novedoso. Siempre hemos asociado de manera natural la relación que existe entre nuestras tripas y nuestras emociones. La lengua popular está plagada de expresiones en torno a esta idea, pero además actualmente tenemos sobrada evidencia científica para hablar del eje intestino-cerebro como algo más que una creencia ancestral. Es una realidad médica y orgánica que tiene un papel fundamental en nuestro bienestar.

Por eso, frente a lo que pudiera parecer *a priori*, el planeta Neuronalia (nuestro cerebro) no está, ni mucho menos, en una galaxia aparte del planeta Intestinus. Estos dos órganos están íntimamente conectados por diversas vías o «autopistas», como el nervio vago, a través de las cuales se comunican de manera bidireccional.

Tal es la comunicación que nuestras emociones o el estrés pueden favorecer el desequilibrio de la microbiota y la pérdida de integridad de la barrera intestinal. Pero los microorganismos de nuestra microbiota también pueden influir en el funcionamiento del sistema nervioso central, produciendo moléculas con acción antiinflamatoria u hormonas, modulando la expresión de citoquinas, fabricando neurotransmisores o participando en su metabolismo...

Sí, has leído bien. La microbiota produce o influye directamente en la producción de neurotransmisores, que son las moléculas que transmiten señales entre las neuronas, y podemos valernos de esta capacidad de algunos microorganismos para usarla en nuestro favor. Sabemos, por ejemplo, que algunos lactobacilos y bifidobacterias producen GABA; que ciertas bacterias de los géneros *Streptococcus*, *Escherichia* y *Enterococcus*, por su parte, hacen lo propio con la serotonina, y que *Bacillus* produce dopamina. Impresiona, ¿verdad?

Como suele ocurrir en el campo de la investigación científica, el eje intestino-cerebro se ha estudiado en un primer momento en animales. En ratones sin microbiota se ha comprobado que el cerebro no se desarrolla de manera correcta, evidenciándose diferencias estructurales respecto al cerebro de los animales con microbiota. Más concretamente, los ratones «microbiota-*free*» presentaron alteraciones en el número de unidades y conexiones neuronales, la barrera hematoencefálica era demasiado permeable... Además, la ausencia de microbiota también alteró su respuesta al estrés, la cognición o la forma de relacionarse con sus congéneres, entre otros comportamientos.

Más allá del estado de ánimo

En los seres humanos se ha demostrado que varios microorganismos probióticos tienen efectos positivos sobre la **depresión, la ansiedad y la cognición**. Por cuestiones como éstas, aunque leamos y estemos informados, y a medida que la ciencia avanza y nos revela nuevos y sorprendentes descubrimientos, no nos podemos hacer una idea de lo importante que es tener una microbiota equilibrada. Veamos qué cepas concretas son fundamentales en lo que respecta al planeta Neuronalia.

En el caso de la especie *L. paracasei*, una de sus cepas (Shirota) ha demostrado mejorar los síntomas de la **depresión**, mientras que otra (LPC37) se ha empleado con éxito en personas con **estrés crónico**. En **mujeres embarazadas**, la suplementación con *L. rhamnosus* HN001 reduce el riesgo de ansiedad y depresión posparto. Finalmente, varias cepas de *L. plantarum* también han mostrado efectos positivos en la depresión, ansiedad, estrés e incluso a nivel cognitivo.

Asimismo, diferentes especies de bifidobacterias han demostrado utilidad en la **función cognitiva**. Por ejemplo, algunas cepas de *B. breve*, gracias a su potente acción antiinflamatoria, ejercen efectos positivos sobre la memoria y otras capacidades cognitivas. También parece útil en este sentido la combinación *B. longum* BB536, dos cepas de *B. breve* y *B. infantis*. Por su parte, la mezcla de *B. bifidum* BGN4 y *B. longum* BORI en **ancianos** ha logrado mejorar la flexibilidad mental y el estrés.

En niños con **déficit de atención e hiperactividad** se han obtenido resultados favorables con la cepa *L. rhamnosus* GG (también llamada SP1). Concretamente, se ha observado que tras un tratamiento de tres meses mejora su calidad de vida (en aspectos físicos, emocionales, sociales y escolares). En otro estudio, esta misma cepa se suplementó en los primeros seis meses de vida y redujo la incidencia de trastornos del neurodesarrollo.

Uno de estos trastornos del neurodesarrollo es el **trastorno del espectro autista** (TEA). Cuando hablamos de este tipo de trastornos es importante ir con pies de plomo y explicar, de manera muy concreta, qué se puede conseguir y qué no, ya que son muchas las publicaciones poco rigurosas que se pueden leer a lo largo y ancho de internet respecto a este tema.

Lo que está completamente demostrado es que los pequeños con TEA tienen una composición de su microbiota que difiere respecto a la de los niños neurotípicos. En ella existe una elevada presencia de algunos microorganismos, como *Clostridium* o *Candida albicans*, mientras que es menor la abundancia de, por ejemplo, las bifidobacterias. La producción de ácidos grasos de cadena corta también es menor en estos pequeños, lo cual refleja que la microbiota no está cumpliendo con todas sus funciones. Además, es frecuente que tengan algún síntoma intestinal, por lo que cada vez crece más el interés por usar la microbioterapia en los niños con TEA.

En un trabajo se probó tan sólo una cepa de *L. plantarum*, pero se obtuvo una mejoría de ciertos rasgos conductuales en estos pequeños. En otro estudio se probó el efecto de suplementar con la combinación de *B. infantis* Bi-26, *L. rhamnosus* HN001, *B. lactis* BL04, *L. paracasei* LPC37 y FOS (prebiótico). Tras más de tres meses tomando este sinbiótico, se logró modular la composición de la microbiota intestinal, regulando la producción de ciertos neurotransmisores e incrementando algunos ácidos grasos de cadena corta como acetato, propionato y butirato. Además, mejoraron de forma significativa los síntomas gastrointestinales, el lenguaje y la conducta.

Parkinson

En la **enfermedad de Parkinson** se ha estudiado el uso de probióticos para revertir uno de los síntomas intestinales más comunes en estas personas, el estreñimiento. Se han empleado varias combinaciones multicepa que incluyen especies de lactobacilos, bifidobacterias, enterococos, estreptococos, etc. Por otro lado, no está de más recordar que en estos pacientes es muy frecuente la presencia de *H. pylori* y de SIBO, por lo que si se tratan estas situaciones, pueden mejorar las manifestaciones neurológicas del Parkinson.

Resumen

En resumen, nuestro planeta Neuronalia, uno de nuestros órganos más apasionantes y enigmáticos, no trabaja solo, sino que mantiene un diálogo constante y enriquecedor con el planeta Intestinus. Dos regiones unidas por «autopistas» de todo tipo que controlan un porcentaje importante de nuestra salud. Así que, recuerda, ni las emociones dependen sólo de que hayas tenido un mal día en el trabajo, ni tus digestiones y malestares intestinales, de que hayas comido mal. Todo impacta en todo. Todo está relacionado.

Resumen: probióticos para modular la comunicación entre los planetas Intestinus y Neuronalia

- ***Bifidobacterium:***
  - ***B. breve.***
  - ***B. infantis.***
  - ***B. longum.***
- ***L. plantarum.***
- ***L. rhamnosus* GG y HN001.**
- ***L. paracasei* LPC37.**

3.9. Urogenitalia: el planeta de los bajos fondos

Ni Marte ni Venus... ¡Lacto-Bacillus!

Hemos viajado por los planetas Oralis, Intestinus... y ahora aterrizamos en ese rinconcito íntimo de nuestro universo particular con una «población» microbiana muy característica, sobre todo cuando se trata de las mujeres. Hablamos del planeta Urogenitalia (nuestro tracto urogenital).

La microbiota vaginal es muy característica en cuanto a su composición. Si bien, tal y como ya te conté al principio, una microbiota saludable y equilibrada se suele asociar a una elevada diversidad de microorganismos, en el caso del tracto genital lo deseable es que esté dominado por lactobacilos y que la diversidad sea baja.

Esta microbiota vaginal es lo que se conoce como flora de Döderlein, pues fue un ginecólogo con ese apellido quien observó por primera vez bacterias baciliformes en cultivos vaginales de mujeres sanas. Hoy está confirmado con creces que para tener una buena salud en nuestro tracto genital y urinario, sobre todo en las mujeres, deben abundar este tipo de bacterias.

Los lactobacilos de la microbiota vaginal son los responsables de mantener el pH de esta región algo ácido (idealmente, en torno a un pH de 4,5) gracias a la producción de ácido láctico, el cual ayuda a crear un ambiente hostil para los patógenos. También tienen la capacidad de fabricar peróxido de hidrógeno (el agua oxigenada de toda la vida), así como moléculas antimicrobianas. Como vemos, la flora de Döderlein está perfectamente adaptada para mantener a raya a los microorganismos menos deseables. Pero como todo ejército, si mengua el número de soldados, la barrera de defensa flaquea. Si tenemos una microbiota genitourinaria con poca abundancia de lactobacilos, somos más vulnerables a padecer infecciones por bacterias u hongos oportunistas.

Por su parte, la microbiota genital masculina es un poco más diversa que la vaginal, pero también está dominada por lactobacilos. Y... ¡ojo! Un dato importante: se sabe que compartimos microbiota con nuestras parejas sexuales. Por este motivo, si nos encontramos con una infección genitourinaria, puede ser interesante tratar a ambos miembros de la pareja.

Disfunciones urogenitales y estrategias de probiosis[5]

Entre los problemas que surgen por un desequilibrio de la microbiota vaginal está la **vaginosis bacteriana**, en la que se produce una inflamación de la vagina por el sobrecrecimiento de ciertas especies como *Gardnerella vaginalis*, *Atopobium*, *Prevotella*, *Mycoplasma*, *Bacteroides*... Para contrarrestar el crecimiento de estos microorganismos, recuperar la eubiosis y mejorar los síntomas de la vaginosis, se suelen em-

5. Probiosis: efecto positivo del consumo de probióticos sobre el equilibrio de la microbiota.

plear especies del género *Lactobacillus*, como *L. acidophilus*, *L. johnsonii*, *L. crispatus*, *L. gasseri* o *L. jensenii*, o también alguna cepa de *Lacticaseibacillus rhamnosus*.

Otro trastorno común que encontramos a nivel genital, tanto de las mujeres como de los hombres, es la **candidiasis**. El hongo *Candida albicans* es un microorganismo habitual de nuestra microbiota. Si se mantiene en niveles bajos, es inofensivo, pero cuando su población crece en exceso puede causar molestos síntomas (picor, ardor, secreciones...). El antagonista por excelencia de *Candida* es la levadura *S. boulardii*, motivo por el cual se emplea como probiótico para reducir y controlar su población.

En las **mujeres embarazadas** es especialmente importante que la microbiota genital esté equilibrada, ya que durante el parto vaginal, al atravesar el canal del parto, el bebé se va a impregnar de la microbiota vaginal materna. Estos microorganismos que adquiere el recién nacido serán cruciales para su futura salud, por lo que en las gestantes preocupa la presencia de bacterias como los **estreptococos del grupo B** (como, por ejemplo, *Streptococcus agalactiae*), porque pueden causar en el recién nacido infecciones muy graves. Aunque el tratamiento habitual para estos casos consiste en antibióticos, se ha demostrado que los probióticos pueden ser de utilidad para disminuir la presencia de estos estreptococos. En este sentido, las especies que han demostrado reducir su abundancia son *L. rhamnosus* y *L. reuteri*.

Así como algunas cepas producen sustancias antimicrobianas que actúan frente a las bacterias patógenas, ciertas especies probióticas han demostrado fabricar moléculas con actividad antiviral. Además, algunas cepas mejoran la respuesta natural del sistema inmunitario frente a los virus, como ocurre, por ejemplo, con el **virus del papiloma humano**. Algunas de las especies que son útiles para luchar contra él son *L. rhamnosus*, que reduce las lesiones que causa, y

L. reuteri, que ha demostrado disminuir la carga viral. Además, se ha estudiado alguna bifidobacteria como *B. adolescentis*, que *in vitro* ha mostrado también acción antiviral.

¿Y quién no ha sufrido alguna vez una infección en el tracto urinario? Pues sí, aquí también influye la microbiota. Las **cistitis** están causadas por bacterias intestinales que son inofensivas cuando se encuentran en su nicho, el intestino, pero que pueden causar una infección si colonizan otros ecosistemas, como el urinario. Si bien son más frecuentes en las mujeres porque tienen la uretra (el conducto por donde desagua la vejiga) más corta que los hombres, éstos también pueden padecer infecciones del tracto urinario.

Lo más habitual es que la responsable de las cistitis sea *Escherichia coli*, pero también pueden ser provocadas por otras bacterias como *Staphylococcus*, *Klebsiella*, *Enterobacter*, *Proteus*, *Enterococcus*, *Streptococcus* del grupo B... De nuevo, distintas especies de lactobacilos han demostrado utilidad para contrarrestar este tipo de infecciones, concretamente *L. acidophilus*, *L. crispatus* y *L. jensenii*, así como *L. rhamnosus* y *L. fermentum*.

Resumen: probióticos para la salud del planeta Urogenitalia

- **La microbiota genital debería estar dominada por lactobacilos y, por eso, para recuperar su equilibrio se emplean:**
  - ***L. acidophilus.***
  - ***L. crispatus.***
  - ***L. jensenii.***
  - ***L. rhamnosus.***
  - ***L. fermentum.***
- **En casos de candidiasis se usa *S. boulardii.***

3.10. Un viaje en el tiempo

Aunque hemos ido viendo la relación entre los componentes de nuestra microbiota y las distintas patologías típicas de la sociedad actual, explicando qué cepas han demostrado utilidad en cada caso, no sólo los eventos adversos para nuestra salud impactan en la microbiota. El propio paso del tiempo y nuestro recorrido por las diversas etapas de nuestra vida marcan también la configuración del ecosistema intestinal.

Además, en cada una de estas fases la microbiota se enfrenta a retos o dificultades distintos. Teniendo esto en cuenta, no se emplean las mismas cepas probióticas en un bebé que en un anciano, o ¿sí? Te explico el porqué.

La preparación para el camino de la vida

Durante el **embarazo** el cuerpo se prepara, por decirlo de algún modo, para transmitir los microorganismos beneficiosos de la mamá al bebé. Con el aumento de la progesterona, una de las hormonas centrales en el proceso de gestación, se incrementan también los niveles de distintas especies de *Bifidobacterium*, siempre y cuando la mamá tenga una microbiota equilibrada, ya que si no tiene suficientes bifidobacterias en esta etapa, el bebé no será suficientemente colonizado por este género bacteriano.

Durante el embarazo es frecuente sufrir de estreñimiento, sobre todo en el último trimestre. Para incrementar el peristaltismo, como ya vimos, las bifidobacterias son de gran utilidad. Además, estamos aportando un tipo de bichillos que deberíamos tener en grandes cantidades en esta etapa, por lo que no es algo que nos sea ajeno. Por este motivo, muchos probióticos que se recomiendan durante el embarazo están formulados con diferentes especies de *Bifidobacterium*.

También nos pueden ayudar los probióticos en otros aspectos durante el embarazo. Por ejemplo, en la salud oral. Los cambios hormonales incrementan la incidencia de periodontitis en las embarazadas, lo cual supone un riesgo, pues una mala salud oral se asocia a diversas complicaciones, como un parto pretérmino o un bebé con bajo peso. Recordemos que *L. rhamnosus*, *L. reuteri* o *L. salivarius* son útiles en los casos de periodontitis.

Cepas como *L. rhamnosus* HN001 también pueden ser muy adecuadas en esta etapa, ya que disminuyen el riesgo de eccemas en el bebé y han mostrado efectos beneficiosos para la mamá, reduciendo el riesgo de ansiedad y depresión posparto, así como la diabetes gestacional.

La microbiota del bebé y la de su alimento

Por otro lado, la **leche materna** tiene su propia microbiota: encontramos bacterias habituales de la piel y también del intestino. Pero ¿cómo llegan hasta la glándula mamaria las bacterias intestinales? Pues, desde allí, son transportadas de forma activa y, en su transporte, participan células inmunitarias. De nuevo, el intestino vuelve a estar conectado con ecosistemas externos a él.

A través de la lactancia materna un bebé ingiere diariamente entre cientos de miles y millones de bacterias. Algunas especies que encontramos en la leche materna también se usan como microorganismos probióticos. Es el caso de ciertas bifidobacterias, como *B. infantis*, *B. bifidum*, *B. adolescentis* y *B. breve*, y también de microorganismos como *L. fermentum*, *E. faecium* o *Streptococcus*. Es interesante el hecho de que en casos de mastitis hay muchas especies de lactobacilos y bifidobacterias que están ausentes. Por este motivo, se han estudiado microorganismos de estos géneros para tratar esta infección, como, por ejemplo, *L. fermentum*.

La **microbiota de los bebés**, sobre todo la de los que son amamantados, está dominada por bifidobacterias. Dependiendo del tipo de parto, también será distinta la conformación de microbios de un bebé. Al atravesar el canal del parto, nos impregnamos de la microbiota vaginal materna, que, como recordamos, debería estar dominada por lactobacilos, mientras que en un parto por cesárea se adquieren microorganismos de la piel, la boca y del ambiente.

Idealmente, un niño nacido por parto vaginal y que reciba lactancia materna tendrá abundancia de lactobacilos y bifidobacterias. Pero, cuidado, digo idealmente porque una mamá puede tener una inadecuada cantidad de estos dos géneros bacterianos. Las terapias antibióticas, una alimentación pobre en fibra prebiótica, haber sido alimentada con biberón, infecciones genitourinarias... son algunos de los factores que pueden hacer que nuestra población de bifidobacterias y lactobacilos sea menor de la deseada.

Para paliar las consecuencias de no aportar la suficiente cantidad de bifidobacterias al no ingerir leche materna, en los bebés alimentados con leche de fórmula puede ser de utilidad aportar especies de estas bacterias. La microbioterapia también puede ser beneficiosa en los niños prematuros, en quienes la colonización microbiana no es la «ideal». De hecho, los bebés que nacen antes de término tienen una disbiosis que puede estar detrás de un mayor riesgo de sufrir enterocolitis necrotizante. Especies como *B. breve*, *B. infantis* o *L. acidophilus* han demostrado reducir el riesgo de enterocolitis en bebés nacidos con bajo peso.

Tal y como te explicaba antes, ese transporte de bacterias intestinales hasta la leche materna puede servirnos para influir (administrando probióticos a la mamá) en la microbiota del lactante. Por ejemplo, se ha demostrado que suplementar a madres lactantes con *B. breve* y *B. longum*, así como con *L. rhamnosus* NH001, reduce el riesgo de los bebés de sufrir dermatitis atópica y eccemas.

Si decíamos que el estreñimiento en los adultos se puede solucionar aportando especies de *Bifidobacterium*, lo mismo ocurre con los bebés, ya que las bifidobacterias, al incrementar la producción de ácidos grasos de cadena corta, también favorecen los movimientos intestinales en los más pequeños.

Una madurez bien acompañada

Otra etapa de la vida muy particular en lo que a la microbiota se refiere es **la vejez**. En el proceso de envejecimiento se observa una pérdida de diversidad y de bifidobacterias, a la vez que aumentan otros grupos como las proteobacterias (como *E. coli*, *Salmonella*, *Vibrio*, *Desulfovibrio*, *Helicobacter*, etc.), y, por tanto, cae la producción de ácidos grasos de cadena corta. Por este motivo vuelven a ser importantes los probióticos a base de bifidobacterias en los ancianos. Podemos calificarlas de verdaderos gerobióticos.

Una de las cepas más útiles es *B. longum* BB536, pues al incrementar la población de estos microorganismos aumenta la producción de ácidos grasos de cadena corta y se reduce la presencia de bacterias proteolíticas que fabrican sustancias putrefactivas.

Por tanto, durante el proceso de envejecimiento es importante seleccionar microorganismos con capacidad inmunomoduladora, como los de los géneros *Lacticaseibacillus* y *Bifidobacterium*, que serán de utilidad para mejorar la respuesta del sistema inmune y fortalecer la salud.

4

Probióticos por cepas

4.1. FAQ y ejemplos de uso de los probióticos

Los probióticos tienen un verdadero efecto sobre el organismo, por lo que lo ideal es que siempre sean utilizados en el marco de una intervención terapéutica individualizada, después de una valoración cuidadosa del estado de salud de la persona que incluya posibles enfermedades, hábito intestinal y tipo de alimentación.

Además, esa intervención idealmente debe ir acompañada de otras medidas, como la alimentación prebiótica y antiinflamatoria que te comentaba.

Antes de revisar una a una las cepas probióticas más empleadas y los estudios científicos en los que se apoya su uso, quería contestar algunas **preguntas frecuentes** sobre el empleo de probióticos que es conveniente aclarar, pues son cuestiones que se plantean tanto los pacientes como los profesionales de la salud.

¿Cualquier persona puede tomar probióticos?

Sí, pero se recomienda que sean pautados por un profesional de la salud. Las personas que están ingresadas en un hospital o que tienen una vía central deberían consultar con el médico que los trata si pueden tomar un probiótico determinado y, en estas situaciones, no abrir la cápsula que los contenga ni consumir probióticos en sobres.

¿Qué tipo de profesionales pueden prescribir probióticos?

Pueden prescribir probióticos los profesionales sanitarios formados en microbioterapia y microbiota, ya sean médicos, nutricionistas, dietistas, farmacéuticos u otros, puesto que la intervención con estos productos forma parte de un abordaje global de las personas. A nivel de regulación, se consideran complementos alimenticios, por lo que cualquiera puede adquirirlos sin una receta.

¿Durante cuánto tiempo se pueden tomar los probióticos?

El tiempo de intervención con probióticos dependerá del caso a abordar y el tipo de disbiosis. En algunas circunstancias pueden ser semanas, mientras que en otros casos los tratamientos pueden ser a largo plazo. Incluso hay profesionales que plantean tomar probióticos de forma continuada debido a la falta de diversidad microbiómica de nuestra sociedad.

¿Se pueden tomar probióticos sin haber realizado previamente un estudio de la microbiota fecal?

En muchos casos se emplean probióticos sin un análisis de la microbiota fecal. Estos análisis pueden resultar muy útiles, pero al mismo tiempo no se conoce la implicación o la asociación con trastornos o patologías de muchas de las especies que analiza. Es decir, el análisis de los resultados puede ser complejo o no dar más información que una exploración clínica.

¿Los probióticos tienen interacciones con los fármacos?

No. Sin embargo, los probióticos impactan sobre la microbiota y ésta va a afectar a la fisiología intestinal (pH, tiempo de tránsito, integridad de la barrera y absorción intestinal) y, por tanto, podría tener un impacto en la farmacocinética, pero en general no tendrá relevancia clínica.

¿Puede ser peligroso tomar un probiótico? ¿Pasa algo si se toma un probiótico en una situación concreta si no existen estudios para esa indicación?

En general, equivocarse con el probiótico a tomar suele tener consecuencias leves, como no lograr el efecto deseado o la aparición de algún síntoma intestinal (hinchazón, gases, alteración del tránsito), pero esto no se podría calificar como «peligroso». Si acaso, no se obtendrán los beneficios que se pudieran conseguir si la indicación es dirigida y personalizada.

¿Se pueden tomar probióticos si se tiene SIBO?

Pueden emplearse probióticos en el marco de una intervención integral dirigida a solucionar la causa del SIBO y la disbiosis en sí, pero con cepas muy concretas. Si no se escogen los adecuados, se puede incrementar la hinchazón y la incomodidad intestinal.

Los probióticos, ¿se deben tomar antes, después o durante las comidas?

Dependerá del tipo de probiótico. Por ejemplo, en los probióticos de cuarta generación las cepas están más protegidas del ambiente ácido del estómago cuando éste tiene contenido (un pH entre 2 y 4), por eso se recomienda tomarlos tras las comidas. Sin embargo, otros probióticos se deben tomar en ayunas.

¿Los niños y las embarazadas pueden tomar probióticos?

Sí. No hay contraindicación para la toma de cepas probióticas durante el embarazo o la infancia; incluso se puede recomendar su uso en bebés prematuros.

También es frecuente consultar por cómo se deben usar los diferentes probióticos. A continuación te muestro algunos ejemplos de protocolos que se suelen emplear de forma habitual.

Ejemplos de uso

- Acompañando a una terapia antibiótica (cepas que resistan los antibióticos):

Microorganismos: *S. boulardii*, *E. faecium*.
Tiempo: como mínimo durante el tiempo que dure la terapia antibiótica.

- Acompañando al tratamiento de erradicación de *H. pylori*:
  Microorganismos: *S. boulardii*, *L. acidophilus*.
  Tiempo: como mínimo durante el tiempo que dure el tratamiento de erradicación de *H. pylori*.

- Diarrea del viajero:
  Microorganismo: *S. boulardii*.
  Tiempo: en prevención, durante todo el viaje; para su tratamiento, hasta la remisión de los síntomas.

- Gastroenteritis vírica:
  Microorganismos: *L. reuteri*, *L. rhamnosus*, *B. longum* BORI.
  Tiempo: hasta que remitan los síntomas.

- SIBO:
  En **una primera fase** (eliminación de los microorganismos en sobrecrecimiento): *E. faecium*, *L. acidophilus*, *L. plantarum* o *S. boulardii*.
  Tiempo: entre uno y dos meses.
  En **una segunda fase** (para recuperar la eubiosis): bifidobacterias y lactobacilos.
  Tiempo: entre uno y dos meses.

- Cistitis:
  A la vez que el **antibiótico**: *S. boulardii*, *E. faecium*.
  Para **recuperar la eubiosis** del tracto genitourinario: *L. crispatus*, *L. jensenii*, *L. johnsonii*, *L. rhamnosus*.
  Tiempo: entre quince y treinta días.

En este capítulo del libro, como te comentaba, podrás ver en detalle las cepas y los estudios que justifican la elección de estos microorganismos probióticos en estas circunstancias.

4.2. Lactobacilos

Introducción

Los lactobacilos constituyen uno de los géneros más conocido y estudiado dentro de los microorganismos probióticos. Son bacterias ácido-lácticas, es decir, como producto final de su metabolismo producen ácido láctico, y muchas de ellas se han empleado tradicionalmente para la fabricación de productos fermentados por su inocuidad (no son microorganismos dañinos ni producen infecciones). Como su nombre (lactobacilo) indica, tienen forma de bacilo o bastón. Encontramos lactobacilos en prácticamente cada rincón de nuestro cuerpo: son el grupo predominante en la microbiota vaginal, abundan en la boca y se detectan a lo largo de todo el tracto gastrointestinal.

Hasta 2020 todos los lactobacilos se agrupaban en un único género, *Lactobacillus*, pero debido a su enorme diversidad genética, se ha dividido en veinticinco 25 géneros distintos. De entre todos estos géneros nuevos, encontramos como microorganismos probióticos a especies de *Lactobacillus*, *Lacticaseibacillus*, *Lactiplantibacillus*, *Limosilactobacillus* y *Ligilactobacillus*. Todos estos géneros nuevos se abrevian con una *L.*, por lo que el nombre reducido de las especies probióticas de los antes llamados lactobacilos no ha cambiado. El antiguo *Lactobacillus rhamnosus* es ahora *Lacticaseibacillus rhamnosus*, pero seguiremos refiriéndonos a él con el nombre abreviado de *L. rhamnosus*. Después de este rollo, ya tenemos todos un máster en nomenclatura bacteriana.

El uso de los lactobacilos como probióticos se debe a las muchas acciones beneficiosas que realizan los mismos:

- *Contrarrestan patógenos*: lo hacen, por un lado, coagregándose con ellos, es decir, se unen a algunos microbios «malos» e impiden que éstos interaccionen con nuestras células. Además, producen moléculas como bacteriocinas con las que inhiben de forma muy específica el crecimiento de ciertas especies. Y, por otro, fabrican ácido láctico, peróxido de hidrógeno (agua oxigenada) y ácidos grasos de cadena corta, creando un ambiente ácido que resulta hostil e impide el crecimiento de microorganismos patógenos.
- *Protegen la integridad de la barrera intestinal*: gracias a la producción de ácidos grasos de cadena corta y otras sustancias, influyen de forma positiva en la función de barrera del intestino.
- *Modulan el sistema inmune*: produciendo metabolitos o empleando estructuras con las que contactan con las células humanas. Por decirlo de otro modo, estos microorganismos amigos son capaces de mantener atento nuestro sistema inmunitario: ni muy activo ni tampoco despistado. Esta comunicación la realizan mediante la señalización con citoquinas, unas pequeñas proteínas que sirven de mediadores entre las células. De este modo, se establece un diálogo con el sistema inmunitario y los microorganismos probióticos son capaces de modular la actividad de éste. Algunas cepas favorecen la producción de citoquinas con acción antiinflamatoria, por eso nos interesa conocer esta habilidad de cada una de ellas.

Género Lactobacillus, *el heredero de la estirpe*

Dentro del género que sigue recibiendo el nombre de *Lactobacillus* nos encontramos con algunas especies muy conocidas y abundantes, por ejemplo, a nivel de la microbiota vaginal.

Las especies de lactobacilos que dominan el ambiente urogenital cuentan con distintas herramientas para contrarrestar los patógenos: producción de bacteriocinas, ácido láctico, peróxido de hidrógeno y biosurfactantes. Los biosurfactantes son eficaces eliminando los *biofilms*. Ciertos microorganismos adquieren esta configuración en película, donde hay bacterias e incluso hongos embebidos en una matriz que dificulta la penetración y la actividad de las sustancias antimicrobianas. Los biosurfactantes actúan de un modo parecido a como lo hace el jabón para eliminar una mancha de grasa; logran terminar con esa matriz que mantiene unidos a algunas bacterias u hongos.

Una especie característica es *Lactobacillus acidophilus*. Como indica su nombre, los *acidophilus* son muy resistentes al ácido, lo que les permite sobrevivir y colonizar el estómago. Tanto es así que se ha estudiado su uso para la erradicación de *Helicobacter pylori*. Aunque *H. pylori* es un habitante habitual de nuestros estómagos, en algunas personas puede provocar verdaderos problemas de salud y puede ser necesario eliminarlo o, por lo menos, controlar su población. *L. acidophilus* es un microorganismo probiótico interesante para esta tarea. También tolera bien las sales biliares y las enzimas digestivas, por lo que es capaz de vivir en el estómago, superar este ambiente hostil y alcanzar el intestino viable.

Vamos a revisar algunas de sus cepas y también de otras especies de *Lactobacillus*, y sus utilidades.

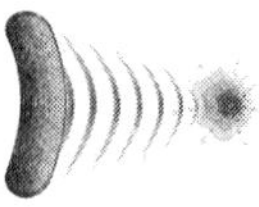

Lactobacillus acidophilus

Forma: bastón

Preferencias: tolera pequeñas cantidades de oxígeno

Dónde habita: boca, estómago, intestino, tracto genitourinario

Qué hace:

Firma

* Muy resistente al ácido del estómago, a las sales biliares y a las enzimas digestivas
* Inhibe el crecimiento de microorganismos patógenos
* Resiste un buen número de antibióticos

Cepas interesantes: LA-14, LA1

Figura 12.

L. acidophilus *LA-14 (o ATCC SD5212)*
Propiedades:

- Altísima adherencia por el epitelio intestinal.
- Resistente a unos once antibióticos de uso habitual.
- Inhibe: *Salmonella, Staphylococcus aureus, Escherichia coli, Listeria.*
- Actúa sobre el sistema inmune, y en respuesta a la vacunación aumenta los anticuerpos como la inmunoglobulina G (IgG).
- Tiene acción bactericida y bacteriostática frente a *H. pylori.*

Curiosidades: es muy interesante la capacidad que tiene *L. acidophilus* LA-14 de degradar oxalatos. Algunos vegetales como las verduras de hoja verde contienen estos compuestos, que si se acumulan pueden llegar a causar problemas como los cálculos renales.

L. acidophilus LA-1 (o L. johnsonii LA-1)
Propiedades:

- Contrarresta patógenos produciendo diferentes bacteriocinas o coagregándose con ellos, por ejemplo, con *H. pylori*.
- Produce varias vitaminas del grupo B, como la B9 (ácido fólico) y la B12.
- Atenúa la respuesta inflamatoria.

Curiosidades: en ancianos se ha observado que mejora la actividad fagocítica, implicada en la eliminación de patógenos, y disminuye las señales proinflamatorias.

Lactobacillus johnsonii
Propiedades:

- Algunas cepas han mostrado una gran resistencia al ambiente ácido del estómago y a la presencia de las sales biliares.
- Las cepas *L. johnsonii* 456 y NC533 inhiben el crecimiento de patógenos intestinales como *E. coli*, *Salmonella enterica* o *Enterococcus faecalis*, así como *Gardnerella vaginalis*.

Lactobacillus crispatus
Propiedades:

- Es una de las especies de bacterias más abundantes en la microbiota vaginal de las mujeres.
- *L. crispatus* CTV-05 inhibe de forma específica *E. coli*.

Curiosidades: en mujeres con infecciones de orina recurrentes, la aplicación vaginal de la cepa CTV-05 ayuda a recuperar el equilibrio de la microbiota y reduce la incidencia de estas infecciones de repetición.

Lactobacillus gasseri

Propiedades:

- Frecuente en la microbiota vaginal, aunque también la encontramos en la cavidad oral y el tracto gastrointestinal.
- Tiene capacidad de degradar oxalatos.
- Puede contrarrestar microorganismos patógenos mediante la producción de ácido láctico, peróxido de hidrógeno y bacteriocinas.

Curiosidades: las cepas LA39, KT7 y LF221 producen péptidos antimicrobianos con capacidad de inhibir bacterias como *Listeria monocytogenes* o *Staphylococcus aureus*, así como patógenos causantes de vaginosis. La cepa OLL2716 ha demostrado mejorar los síntomas del reflujo gastroesofágico.

Lactobacillus jensenii

Propiedades:

- Es una de las cuatro especies más abundantes de la microbiota vaginal.
- Cepas como KS121.1 y KS119.1 tienen acción bactericida frente a *E. coli* y *G. vaginalis*.

Curiosidades: en momentos como la menstruación, donde por los cambios en el ambiente vaginal la mujer puede ser más vulnerable a una infección (recordemos que el pH cambia volviéndose menos ácido), *L. jensenii*, aprovechando el aumento de hierro debido al sangrado, mejora la adhesión al epitelio y la producción de peróxido de hidrógeno, que protege frente a algunas bacterias patógenas; esto ha sido demostrado con la cepa CECT 4306.

Lactobacillus delbrueckii
Propiedades:

- Es una especie que se usa de forma habitual a modo de cultivo de iniciación en productos fermentados como el yogur.
- Su temperatura óptima de crecimiento es entre 40 y 45 °C.

Curiosidades: en un estudio se observó que los ancianos que recibían la cepa *L. delbrueckii* OLL1073R-1 mostraban una mejor respuesta inmunitaria a nivel de las mucosas frente a algunos virus.

Género Lacticaseibacillus, *el ejército*

El género *Lacticaseibacillus* cuenta con tres especies que han sido ampliamente estudiadas y empleadas como probióticos: *L. casei*, *L. paracasei* y *L. rhamnosus*. Todas están filogenéticamente muy relacionadas, pero especialmente *L. casei* y *L. paracasei* muestran grandes similitudes fenotípicas.

Los *Lacticaseibacillus* presentan una capacidad de fermentar carbohidratos mayor que otras bacterias ácido-lácticas; es decir, tienen la habilidad de degradar diferentes compuestos prebióticos como FOS, inulina o GOS.

Los encontramos tanto en el tracto gastrointestinal como en el urogenital. Y, como veremos, todos ejercen un importante papel sobre el sistema inmunitario. Hasta tal punto es importante la acción inmunomoduladora de estas tres especies que su presencia en la microbiota de bebés se ha asociado con un menor riesgo de alergias y atopias durante la infancia.

Lacticaseibacillus casei

Propiedades:

- Función de inmunomodulación:

    - *L. casei* **AMBR2** puede adherirse al epitelio de las vías respiratorias altas, promoviendo la integridad de esta barrera y favoreciendo la producción de señales antiinflamatorias. Se ha planteado su uso en el tratamiento de la rinosinusitis crónica por pólipos nasales.
    - *L. casei* **01** se ha empleado en mujeres con artritis reumatoide, en las que se ha observado una mejora en el proceso inflamatorio, con una disminución significativa de los niveles de proteína C-reactiva (un marcador de inflamación) y una mejora en la puntuación DAS28 (un índice para valorar el grado de actividad de la artritis reumatoide).
    - *L. casei* **LC-11**, usado en combinación con otras cuatro especies, también ha demostrado una mejora en los marcadores de inflamación en pacientes con artritis reumatoide.

- Función metabólica:

    - En pacientes con diabetes *mellitus* tipo 2 se testó el uso de *L. casei* 01 durante ocho semanas, tras las cuales se describió una mejoría en el índice HOMAR-IR, que mide la resistencia a la insulina.

- Capacidad antiproliferativa:

    - *L. casei* ATCC393 favorece la apoptosis, es decir, la muerte celular programada, que es un mecanismo para eliminar células defectuosas. Administrada a ratones durante trece días redujo el 80 por ciento del volumen de los tumores.

Curiosidades: el mecanismo de reducción de tumores de *L. casei* no sólo se ha demostrado en cáncer de colon, sino en otros modelos celulares de cáncer, como el de cérvix o el de vejiga.

Lacticaseibacillus paracasei
Propiedades:

Es otra especie de *Lacticaseibacillus* a la que se le atribuye una acción inmunomoduladora. Muchas cepas tienen la capacidad de disminuir la histamina y reducir el colesterol circulante de forma más eficiente que otras especies de lactobacilos, por lo que se piensa que son mecanismos comunes a toda la especie *paracasei*.

Cepas:

- *L. paracasei* **MCC1849** ha demostrado en ancianos mejorar la respuesta a la vacuna de la gripe, logrando una mejor producción de anticuerpos frente a la vacunación. En adultos jóvenes, esta misma cepa es útil para prevenir los resfriados comunes.
- *L. paracasei* **KW3110** ha demostrado su utilidad para mejorar la fatiga ocular.
- *L. paracasei* **NCC 2461** ha sido utilizado en trastornos cutáneos como la piel reactiva.

- *L. paracasei* **LP-33** ha demostrado su utilidad en la rinitis alérgica.
- *L. paracasei* **Shirota,** antes conocido como *L. casei* Shirota, es una de las cepas de probióticos más estudiadas.

    - Estimula la actividad de las células *Natural Killer*.
    - Es útil en las infecciones víricas por citomegalovirus o el virus de Epstein-Barr.
    - Se ha empleado en pacientes operados de neoplasias, en combinación con fibra dietética, por su capacidad para reducir la recurrencia de tumores colorrectales.
    - En deportistas se ha observado que mejora la atención y la concentración.
    - En personas con depresión o trastorno bipolar ha mostrado favorecer la calidad del sueño y aliviar los síntomas depresivos.

- *L. paracasei* **LPC37** en adultos con estrés crónico ha demostrado normalizar los niveles de cortisol, la hormona del estrés por excelencia, y mejorar significativamente el estrés percibido por estos pacientes.

Lacticaseibacillus rhamnosus
Propiedades:

- Función inmunomoduladora.
- Esta especie es una gran fermentadora, lo que significa que es capaz de aprovechar una variedad de sustratos como fuente de alimento y, mediante fenómenos de *cross-feeding*, favorecer el crecimiento de otros microorganismos.

Lacticaseibacillus rhamnosus

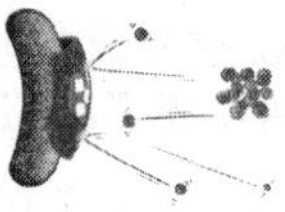

Forma: bastón

Preferencias: tolera pequeñas cantidades de oxígeno

Dónde habita: boca, estómago, intestino, tracto genitourinario

Qué hace:

Firma

* Importante acción inmunomoduladora
* Gran capacidad de fermentar carbohidratos
* Modulación del eje intestino-cerebro

Cepas interesantes: GG o SP1, HN001, LR32

Figura 13.

Cepas:

- *L. rhamnosus* **GG (o SP1)**
  - Se ha utilizado en bebés y niños para tratar el cólico del lactante y procesos de diarrea.
  - En personas de mediana y tercera edad que ya acusaban un deterioro cognitivo, se ha observado que GG mejora la memoria y la atención.
  - Los niños con déficit de atención e hiperactividad suplementados con esta cepa mejoran su percepción de la calidad de vida y la salud.
  - En otro estudio se ha visto una menor proporción de trastornos del neurodesarrollo en los niños que recibían *L. rhamnosus* GG en etapas tempranas respecto a los que tomaban placebo.
  - En estudios en animales se ha comprobado que *L. rhamnosus* (GG y JB1) interfiere de forma directa en el funcionamiento cerebral modulando la pro-

ducción de neurotransmisores, como serotonina o GABA.
  - Ha demostrado utilidad frente a patógenos periodontales.

- *L. rhamnosus* **HN001**

  - Útil en eccemas y dermatitis atópica. En varios estudios se ha demostrado que suplementar a las mamás con HN001 en las últimas semanas de embarazo y durante la lactancia, y a los bebés, desde el destete y hasta los dos años de vida, reduce la incidencia de problemas de piel.
  - En las mujeres embarazadas que han tomado HN001 desde el segundo trimestre de embarazo se ha reducido el riesgo de depresión posparto y de diabetes gestacional.
  - HN001 ha mostrado acción antimicrobiana frente a bacterias patógenas como *S. aureus*, *E. coli*, *Klebsiella pneumoniae*, *Pseudomonas aeruginosa*, *Streptococcus mutans* y *Salmonella*, y el hongo *Candida albicans*. También es eficaz inhibiendo a *Aggregatibacter actinomycetemcomitans*, una bacteria oral que causa periodontitis.

- *L. rhamnosus* **LR32**

  - Coagrega con *Porphyromonas gingivalis*, evitando su adhesión a la mucosa oral, y modula la respuesta proinflamatoria que genera esta bacteria periodontopatógena en las encías.
  - Reduce la presencia de *C. albicans* en las personas que llevan dentadura postiza.

- *L. rhamnosus* **BMX 54**
    - Ha demostrado reducir las lesiones en las mujeres con virus del papiloma humano.
- *L. rhamnosus* **GR-1**
    - En combinación con *L. reuteri* RC-14, suministrada a mujeres embarazadas, logra reducir la presencia de *Streptococcus* del grupo B.

Género Lactiplantibacillus*, los guardianes de la despensa*

Lactiplantibacillus es otro de los nuevos géneros bacterianos en los que se subdividió el antiguo género *Lactobacillus*. Cuenta con una especie que ha sido ampliamente estudiada y empleada como cepa probiótica, *Lactiplantibacillus plantarum*.

Varias cepas de *L. plantarum* han sido testadas por su capacidad para reducir los niveles de colesterol; reducción que se obtiene mediante varios mecanismos.

Cepas:

- *L. plantarum* **299v**
    - Modula el perfil lipídico. En muchos estudios se ha demostrado que esta cepa es capaz de reducir el LDL, el llamado colesterol «malo», hasta un 12 por ciento. Resultados similares se han observado con cepas diferentes de *L. plantarum* (CECT 7527, 7528 y 7529), con un descenso de más del 17 por

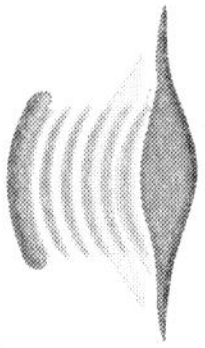

Firma

Lactiplantibacillus plantarum

Forma: bastón

Preferencias: tolera pequeñas cantidades de oxígeno

Dónde habita: intestino, tracto genitourinario

Qué hace:

* Contrarresta microorganismos patógenos
* Capacidad de reducir los niveles de colesterol y triglicéridos
* Modulación del eje intestino-cerebro

Cepas interesantes: 299v, PS128, LP-115, CCFM8610

Figura 14.

ciento tras sólo tres meses de tratamiento con el probiótico.

- Interviene en el eje intestino-cerebro. En pacientes con depresión que tomaban inhibidores de recaptación de serotonina, al ser tratados con esta cepa se observó una mejoría en la función cognitiva.
- Ha demostrado aliviar el dolor y la hinchazón abdominal, así como la flatulencia.

• *L. plantarum* **ECGC 13110402**

- Ha demostrado reducir los triglicéridos. Parece que esta acción de control de los niveles de lípidos en sangre es una función común a numerosas cepas de esta especie.

- *L. plantarum* **DR7 y P8**

    - Han demostrado aliviar el estrés y la ansiedad, además de mejorar la memoria y la cognición.

- *L. plantarum* **PS128**

    - Se suministró a niños con TEA y se observó, respecto a los pequeños que tomaron placebo, una mejoría en ciertos rasgos conductuales, logrando una mayor concentración y menor impulsividad.

- *L. plantarum* **CCFM8610**

    - Esta cepa ha demostrado reducir los niveles de arqueas y mejorar los síntomas de hinchazón abdominal. Las arqueas metanógenas sobrecrecidas constituyen el IMO. Las personas con IMO suelen mostrar una tendencia al estreñimiento.
    - Mejora la severidad de la dermatitis atópica.

- *L. plantarum* **LP-115 (o ATCC SD 5209)**

    - Ha mostrado capacidad para inhibir bacterias que pueden ser patógenas, como *Clostridium*, *Staphylococcus* o *Enterobacter*. Además de producir moléculas antimicrobianas, tiene la capacidad de coagregarse con estos microorganismos y así impedir que se unan a nuestra mucosa intestinal.
    - Podría ser interesante el uso de LP-115 en personas que tienen tendencia a los cálculos renales, pues esta cepa es capaz de degradar los oxalatos. También tiene una función en el metabolismo de la glucosa, demostrando reducir la insulina circulante y la resistencia a la insulina.

- Por último, cabe destacar su capacidad moduladora del sistema inmunitario. Se ha observado que suministrando esta cepa como coadyuvante a una vacuna se lograba incrementar los niveles de IgG, anticuerpo que se genera frente a bacterias o virus, respecto a los individuos que recibían placebo.

Género Limosilactobacillus, *la Guardia Real*

El género *Limosilactobacillus* cuenta con dos especies probióticas muy estudiadas: *L. fermentum* y *L. reuteri*.

- *Limosilactobacillus fermentum*

Propiedades:

- Se han aislado de ambientes muy distintos. Algunas cepas son propias de los alimentos fermentados, pero hay otras que se han identificado en la leche materna o que tienen un origen intestinal.
- Se han estudiado para el tratamiento de enfermedades inflamatorias, del tracto respiratorio e incluso en casos de daño hepático.
- Algunas cepas tienen la capacidad de interaccionar con las células del sistema inmune y regular así la síntesis de citoquinas.
- Otras cepas de *L. fermentum* tienen la maquinaria enzimática para la producción de glutatión, que confiere una protección frente al estrés oxidativo.

Cepas:

- *L. fermentum* **CECT5716, ME-3 y LF31**
  - Exhiben la capacidad de absorber las especies reactivas de oxígeno (radicales libres), por lo que son de utilidad para contrarrestar el estrés oxidativo.
  - En modelos animales se ha observado que LF31 es capaz de proteger el hígado del daño inducido por el consumo de alcohol.

- *L. fermentum* **RC-14, LF10 y LF15**
  - Se han estudiado para el tratamiento de infecciones genitourinarias, demostrando incrementar la población de *Lactobacillus* o flora de Döderlein, disminuir los hongos y, además, prevenir la aparición de nuevas infecciones.

- *L. fermentum* **CECT5716**
  - Se ha estudiado para el tratamiento de la mastitis. Esta infección de la glándula mamaria en algunos casos se debe a un desequilibrio de la microbiota, donde proliferan algunas bacterias como *Staphylococcus*. Esta cepa es capaz de reducir específicamente este microorganismo.
  - En algún estudio se ha demostrado que esta cepa mejora la mastitis de forma tan eficaz como lo hacen los antibióticos habituales.

- *L. fermentum* **90T-41 y 39**

  - En estudios *in vitro* han demostrado inhibir la replicación del virus de la gripe y del SARS-CoV-2.

Curiosidades: ciertas cepas probióticas pueden tener incluso acción antiviral. Las bacterias probióticas logran enfrentarse a virus gracias a su efecto modulador del sistema inmune, pero también por mecanismos de absorción de las partículas virales o mediante la producción de metabolitos con efecto viricida.

Limosilactobacillus reuteri

Propiedades:

- Es una bacteria abundante en la boca y en los tractos intestinal y urogenital.
- Se ha estudiado como probiótico para recuperar la salud intestinal, especialmente para el manejo de las diarreas en niños.
- Produce sustancias antimicrobianas, unas bacteriocinas llamadas reuterinas, que contrarrestan microorganismos patógenos intestinales.
- Fabrica vitaminas del grupo B y neurotransmisores, favorece la integridad de la barrera intestinal y tiene un efecto inmunomodulador.

Cepas:

- *L. reuteri* **ATCC 55730**

  - Útil para reducir la frecuencia de los episodios de diarrea postantibiótico.

Curiosidades: a esta cepa se le quitaron varios plásmidos —unos trozos de material genético— que le conferían resistencia a los antibióticos, lo que dio lugar a una cepa «hija» llamada DSM 17938. Pues bien, esta nueva cepa no ha mostrado la misma eficacia para contrarrestar las diarreas causadas por los antibióticos que la ATCC55730; sin embargo, sí parece útil cuando la diarrea es de origen infeccioso, bacteriano o vírico.

- *L. reuteri* **DSM 12246 y DSM 17938**
  - Ha demostrado un beneficio frente a distintos virus, como el rotavirus o el papilomavirus. Se sugiere que esta actividad la lleva a cabo mediante la producción de sustancias antivirales y, de forma directa, impidiendo la unión del virus a las mucosas.

- *L. reuteri* **LR92**
  - Se ha observado que, si las embarazadas toman esta cepa durante las últimas semanas de embarazo, sus bebés tendrán con menor frecuencia y duración los molestos y famosos cólicos.

Curiosidades: si bien el origen de los cólicos del lactante es multifactorial, en su desarrollo parece estar implicado el desequilibrio de la microbiota. De hecho, estos niños tienen una menor proporción de bifidobacterias y lactobacilos en su microbiota intestinal que los pequeños que no sufren de cólicos del lactante.

- *L. reuteri* **DSM 17938 y PTA 5289**
    - El tratamiento con estas cepas logra disminuir la presencia de *Streptococcus mutans* a nivel oral, bacteria que se asocia con el desarrollo de caries.
    - También inhiben el crecimiento de *Porphyromonas gingivalis* y *Fusobacterium nucleatum*, algunos de los patógenos que causan la enfermedad periodontal.

Advertencia: algunas cepas de *L. reuteri* pueden generar pequeñas cantidades de histamina, por lo que esta cuestión hay que tenerla en cuenta en las personas sensibles a esta amina biógena.

Género Ligilactobacillus, *el apaciguador*

El género *Ligilactobacillus* sólo cuenta con una especie que suele emplearse como microorganismo probiótico, *L. salivarius*. Esta especie, que se encuentra en la boca, en todo el tracto gastrointestinal y en el genital, tiene una larga trayectoria en cuanto a su uso como probiótico. Tiene la capacidad de inhibir las bacterias patógenas e influir sobre el sistema inmune, estimulando la producción de señales antiinflamatorias, como la interleuquina 10. Además, resiste a un buen número de antibióticos de uso común.

Se han estudiado diversas cepas de *L. salivarius* para tratar problemas de salud oral. Como habitante habitual de la boca, ayuda a restaurar el equilibrio de la microbiota, cuya alteración provoca muchos trastornos de la salud oral. Se ha empleado en el tratamiento de la periodontitis.

Firma

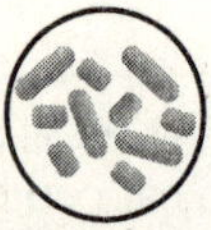

Ligilactobacillus salivarius

Forma: bastón

Preferencias: tolera pequeñas cantidades de oxígeno

Dónde habita: boca, tracto gastrointestinal y genital

Qué hace:

* Contrarresta microorganismos patógenos
* Capacidad antiinflamatoria

Cepas interesantes: LS33, SGL03

Figura 15.

Cepas:

- *L. salivarius* **SGL03**
    - Produce bacteriocinas y peróxido de hidrógeno y ha demostrado inhibir el crecimiento de las bacterias responsables de la periodontitis, como *Porphyromonas gingivalis* o *Treponema denticola*.
    - Se plantea su uso como adyuvante a las terapias habituales para tratar la periodontitis y como alternativa a los colutorios antisépticos, que no discriminan entre microorganismos beneficiosos y dañinos.

- *L. salivarius* **G60 y WB21**
    - Han demostrado mejorar la halitosis.

Curiosidades: si en la cavidad oral abundan algunas de las bacterias periodontopatógenas, como *T. denticola*, *P. gingivalis* o *F. nucleatum*, se producen en mayor cantidad los compuestos sulfurados volátiles, causantes del mal olor, que si la microbiota oral está dominada por bacterias como lactobacilos o estreptococos.

La capacidad antiinflamatoria de *L. salivarius* ha resultado de interés para el tratamiento de las enfermedades inflamatorias intestinales. Concretamente la cepa:

- *L. salivarius* **LS33**
    - Ejerce una acción antiinflamatoria gracias a estructuras que contiene en su pared celular, que, en contacto con nuestras células humanas, estimulan este tipo de señales.
    - En modelos animales de colitis, esta cepa ha demostrado reducir la inflamación.
    - En estudios en humanos, LS33 junto con otras especies probióticas (*L. acidophilus* LA-14 y *B. bifidum* BGN4) logró reducir la inflamación y disminuir la severidad y la duración de los síntomas de la colitis ulcerosa.

4.3. Bifidobacterias

Introducción

El género *Bifidobacterium* es, junto con los lactobacilos, de los más empleados como microorganismos probióticos, por las importantes funciones que realizan dentro de la microbiota y porque han demostrado ser seguros para su consumo. Como ya hemos comentado, las bifidobacterias fueron observadas por primera vez por un pediatra, Henri Tissier, quien las identificó en las heces de bebés sanos alimentados con lactancia materna. El primer alimento que reciben los bebés contiene, entre otros microorganismos, bacterias de este género.

Su morfología es muy variada: encontramos algunas bifidobacterias con forma de bastones cortos, pero quizá lo más característico es la conformación bífida, como una *Y*. También son consideradas bacterias ácido-lácticas, es decir, producen lactato, entre otros compuestos, al degradar carbohidratos complejos. Su abundancia depende en gran medida del tipo de alimentación que sigamos. Si no se incluyen en la dieta suficientes carbohidratos fermentables, como ocurre en las dietas bajas en FODMAP *(Fermentable Oligosaccharides, Disaccharides, Monosaccharides and Polyols)*, se afecta enormemente la población de bifidobacterias. También son especialmente sensibles a diferentes tipos de fármacos, no sólo a los antibióticos.

La mayor parte de los integrantes de este género son bacterias anaerobias estrictas, es decir, no crecen en contacto con el oxígeno, por lo que abundan más en las zonas con menos presencia de este elemento. Encontramos bifidobacterias en todo el tracto intestinal e incluso en la boca, donde se localizan en las zonas más profundas de las encías, pero no en la superficie. Además, forman parte de la microbiota de la leche materna, lo cual, sumado a que la propia leche materna contiene unos azúcares denominados HMO *(Human Milk Oligosaccharides)*, que favorecen de forma muy específica el crecimiento de este género, hace que las bifidobacterias predominen en los bebés amamantados con leche materna. Algunas especies de bifidobacterias también cuentan con enzimas para degradar la urea, por lo que pueden resultar de utilidad en las dietas ricas en proteínas, así como en las personas con problemas de riñón, pues la urea se excreta por vía renal.

Las bifidobacterias se emplean como microorganismos probióticos por las acciones beneficiosas que realizan:

- **Sobreviven y colonizan el tracto intestinal,** logrando excluir a los patógenos al competir con ellos por los sitios de unión. Algunas bifidobacterias también pueden producir bacteriocinas para inhibir, de forma más específica, el crecimiento de otros microorganismos.
- **Favorecen la digestión de carbohidratos complejos,** debido a la diversa maquinaria enzimática con la que cuentan son capaces de degradar distintas fuentes de fibra.
- **Producen ácidos grasos de cadena corta,** que serán empleados por otros miembros de la microbiota y por las células humanas. Estos ácidos grasos tienen un impacto positivo a nivel intestinal: bajan el pH del intestino creando un ambiente hostil para los patógenos, favorecen el peristaltismo, por lo que se contrarresta el estreñimiento, sirven de energía para nuestras células del colon, etc.
- **Mejoran la integridad de la barrera intestinal** mediante varios mecanismos. Por un lado, estimulan la producción de moco por parte de algunas células del intestino. Este moco tiene una función importante para proteger el epitelio intestinal y evitar el contacto directo de los patógenos. Además, en el moco habitan bacterias que se alimentan de él, lo que se suele llamar microbiota muconutritiva, como es *Akkermansia muciniphila.* Por otro lado, las bifidobacterias van a favorecer la expresión de las proteínas que unen las células intestinales, las uniones estrechas, que deben asegurar que el intestino sea una barrera. Por lo tanto, la abundancia de bifidobacterias es una gran aliada para una barrera intestinal saludable.

- **Modulan el sistema inmune** mediante la interacción con las células humanas. Para ello cuentan con unos pelillos en su exterior, llamados *pili*, que favorecen la producción de señales antiinflamatorias en el intestino. La colonización por parte de las bifidobacterias en los bebés es fundamental, precisamente porque estas bacterias llevan a cabo el entrenamiento del sistema inmunitario. Hasta tal punto son importantes que los niños con poca abundancia de bifidobacterias tienen un mayor riesgo de desarrollar patologías mediadas por el sistema inmunitario (alergias, eccemas, autoinmunidades, etc.).

Bifidobacterium bifidum

Esta especie es una de las más abundantes en los bebés y en la leche materna, gracias a su capacidad para degradar los HMO, compuestos prebióticos de la leche. También encontramos *B. bifidum*, aunque en menor proporción, en los adultos, en quienes ayuda a digerir ciertos carbohidratos fermentables de la dieta.

Propiedades:

- Estimula la producción de moco y, al mismo tiempo, su degradación. Esta actividad es importante para la renovación de la capa de *mucus* que protege nuestro intestino.
- Expresa enzimas con capacidad de desconjugar las sales biliares, las llamadas hidrolasas de sales biliares. Como ya comenté, esta actividad de desconjugación que llevan a cabo algunos miembros de la microbiota disminuye los niveles de colesterol sérico.

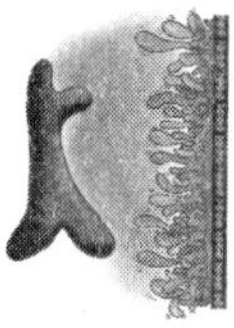

Firma

Bifidobacterium bifidum

Forma: bífida

Preferencias: no tolera el oxígeno

Dónde habita: leche materna, tracto intestinal de bebés y adultos

Qué hace:

* Degrada azúcares de la leche materna (HMO) y carbohidratos accesibles a la microbiota (MAC)
* Favorece la renovación de la capa de moco que protege el intestino
* Acción inmunomoduladora y antiinflamatoria

Cepas interesantes: BGN4, R0071

Figura 16.

Cepas:

- *B. bifidum* **BGN4** se ha obtenido de heces de bebés lactantes y muestra una alta adherencia por el epitelio intestinal.
    - Tiene capacidad de modular el sistema inmunitario e incluso ha mostrado actividad antiproliferativa en líneas celulares de cáncer de colon.
    - Produce interesantes moléculas como la S-adenosil metionina (SAMe), una sustancia que tiene un efecto antidepresivo y sobre la salud hepática, entre otras acciones beneficiosas.
    - Tiene la capacidad de convertir el selenio inorgánico en selenio orgánico (seleniometionina), que posee mayor biodisponibilidad, es decir, se absorbe mejor por nuestro organismo. El selenio es un micronutriente esencial, tiene una acción antioxidante y es necesario

para el correcto funcionamiento del sistema inmunitario y de la glándula tiroides, entre otras funciones.

  - La cepa BGN4, junto con *B. longum* BORI, ha demostrado en personas de la tercera edad mejorar la flexibilidad mental y aliviar el estrés.
  - La función que más suele atribuirse a BGN4 es la de contribuir a reducir la inflamación crónica. En pacientes con colitis ulcerosa, el uso de BGN4, en combinación con *L. salivarius* LS33 y *L. acidophilus* LA-14, ha demostrado reducir la inflamación de la mucosa y también los niveles de HSP60, unas proteínas que están elevadas en casos de inflamación crónica.

Curiosidades: en pacientes con colitis ulcerosa, BGN4 ha logrado disminuir la frecuencia de las defecaciones y la presencia de sangre en las heces, así como mejorar el dolor abdominal. En ratones se ha podido comprobar qué ocurre en la mucosa intestinal por la acción de BGN4. Por un lado, se reduce la abundancia de bacterias que pueden causar inflamación, como algunos *Bacteroides*. Y, por otro, disminuye la presencia de linfocitos y las moléculas proinflamatorias que ellos producen.

- *B. bifidum* **R0071**

  - La capacidad inmunomoduladora de esta cepa se ha probado en estudiantes que sufrían estrés psicológico. El estrés deprime el sistema inmunitario y predispone a tener resfriados. Se observó que los estudiantes que tomaron la cepa R0071 tenían menos resfriados y la duración de estos episodios era más corta.
  - En otro estudio se observó que esta cepa mejoraba los síntomas intestinales, concretamente la diarrea, asociada a situaciones de estrés.

- *B. bifidum* **MIMBb75**

  - Ha dado buenos resultados en pacientes con SII al reducir el dolor y el malestar abdominal.

- *B. bifidum* **TMC3115**

  - Ha demostrado mejorar la alergia a la proteína de la leche. Este hecho se ha estudiado en bebés que no habían recibido lactancia materna en exclusiva, por lo tanto, su abundancia en bifidobacterias era menor, y que presentaban alergia a esta proteína. En estos niños la cepa TMC3115 ha mejorado los síntomas digestivos, respiratorios y de la piel que presentaban, además de disminuir los anticuerpos IgE.

Bifidobacterium adolescentis

Esta especie de bifidobacteria se encuentra en la leche y el intestino humanos. Su población aumentará a partir del destete, ya que está más especializada en degradar carbohidratos complejos de la dieta que los azúcares que contiene la leche materna.

Propiedades:

- Produce GABA y vitamina B9.
- Posee una importante acción antiviral frente al virus del papiloma humano, el del herpes o el causante de la hepatitis B.

Cepas:

- *B. adolescentis* **IVS-1**

- Se ha comprobado que la suplementación con este microorganismo logra mejorar el ecosistema intestinal al incrementar la abundancia del género.
- Ha demostrado efectos positivos sobre la permeabilidad intestinal. En un trabajo se comparó el uso de esta cepa de origen humano con una cepa alóctona (no humana) y se observó que la de derivación humana confería una ventaja a la hora de crecer en nuestro tracto intestinal.

- *B. adolescentis* **7007-05** combinado con *L. rhamnosus* GR-1, en individuos con rinitis alérgica, ha demostrado cambiar el perfil de citoquinas, concretamente de las 10 y 12.

Bifidobacterium animalis

La especie *B. animalis*, a diferencia de la mayor parte de las bifidobacterias, tolera pequeñas cantidades de oxígeno. Esta especie cuenta con dos subespecies, *B. animalis* subsp. *animalis* y *B. animalis* subsp. *lactis*, pero sólo esta última se emplea de forma habitual como microorganismo probiótico en los seres humanos.

Bifidobacterium animalis sub. lactis

B. animalis subespecie *lactis*, que se suele abreviar *B. lactis*, tolera la presencia de oxígeno y tiene una forma alargada e irregular, no bífida. Se ha estudiado mucho como microorganismo probiótico y es empleada por parte de la industria alimentaria para fabricar lácteos fermentados. Además, *B. lactis* tiene más peculiaridades respecto a otras bifidobacterias, pues no degrada los almidones.

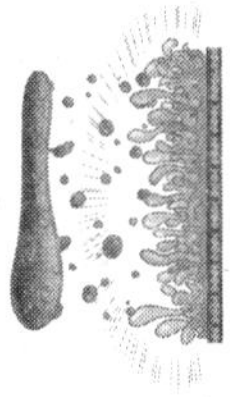

Bifidobacterium animalis sub. lactis

Forma: alargada, no bífida

Preferencias: tolera pequeñas cantidades de oxígeno

Dónde habita: se ha aislado de productos lácteos, pero es un habitante habitual del intestino humano

Qué hace:

* No degrada almidones
* Acción inmunomoduladora

Cepas interesantes: BB-12, BL04

Firma

Figura 17.

Cepas:

- *B. lactis* **HN019**
  - Mejora la actividad fagocítica y antitumoral de las células *Natural Killer*, de modo que modula la respuesta inmunitaria. Una baja actividad de estas células se asocia con un mayor riesgo de infecciones y una mayor mortalidad en casos de cáncer.
- *B. lactis* **BB-12**
  - Su efecto se ha estudiado, en combinación con *L. rhamnosus* GG, en las infecciones respiratorias en los niños, donde parece acortar la duración y disminuir la severidad de los resfriados.
  - En combinación con la cepa *L. paracasei* 431 se ha estudiado como adyuvante a la vacuna de la gripe; en concreto, esta combinación de probióticos mejora la producción de anticuerpos específicos.

- *B. lactis* **BL04**
    - En adultos sanos ha demostrado reducir los casos de infecciones respiratorias.
    - Mejora la respuesta del sistema inmune innato y puede reducir la replicación viral, es decir, la multiplicación de las partículas virales en las células humanas.
- *B. lactis* **B420**
    - Ha sido estudiada por sus efectos sobre el metabolismo. En las personas obesas o con sobrepeso, aportar esta cepa, junto con un prebiótico durante seis meses, mejoró la pérdida de grasa (–1,4 kg) y disminuyó el perímetro de la cintura (–2,6 cm).

Bifidobacterium breve

Esta especie de bifidobacteria es una de las más abundantes en los bebés amamantados, debido a que *B. breve* es uno de los microorganismos que forman parte de la microbiota de la leche materna, motivo por el cual se emplea mucho como probiótico en los más pequeños. Aunque en menor proporción que en los niños, la presencia de esta especie también es importante en el intestino de los adultos. *B. breve* está adaptada para metabolizar tanto los azúcares de la leche, los HMO, como los carbohidratos complejos que nos aportan los vegetales y tubérculos de la dieta.

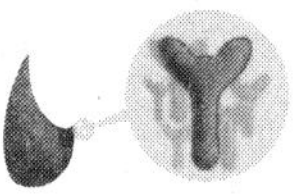

Bifidobacterium breve

Forma: bífida

Preferencias: no tolera el oxígeno

Dónde habita: leche materna, muy abundante en el tracto intestinal de los bebés amamantados, aunque también se encuentra en adultos

Qué hace:

* Degrada azúcares de la leche materna (HMO) y carbohidratos accesibles a la microbiota (MAC)
* Acción inmunomoduladora y sobre el metabolismo

Cepas interesantes: M-16V, B3

Firma

Figura 18.

Cepas:

- *B. breve* **M-16V**
    - En varios trabajos se ha demostrado que al aportar la cepa *B. breve* M-16V se reducen los casos de enterocolitis necrotizante en los neonatos nacidos pretérmino.
    - Esta cepa ha demostrado también una importante acción inmunomoduladora, al prevenir o reducir la severidad de las alergias, eccemas o asma.
    - El uso de una formulación sinbiótica (M-16V, FOS y GOS) en lactantes que tomaban leche de fórmula demostró prevenir trastornos alérgicos.
    - Cuando a las mujeres embarazadas se les dio la combinación de *B. breve* M-16V y *B. longum* BB536 un mes antes del parto y durante el posparto, se reducía el riesgo de eccemas y de dermatitis atópica en sus bebés.
    - En ancianos, un tratamiento combinado durante cuatro meses con *B. breve* M-16V, *B. longum* BB536,

B. infantis M-63 y una rutina de ejercicio de fuerza mejoró la función cognitiva, los índices de depresión y ansiedad, el tránsito intestinal y el índice de masa corporal.

- *B. breve* (**BR03, B632, CECT7263**)
  - Estas cepas han demostrado disminuir los minutos de llanto diario en los bebés con cólicos del lactante.
- *B. breve* **Yakult (o BBG-01)**
  - Para contrarrestar el estreñimiento: tras cuatro semanas de tratamiento con esta cepa se incrementó la frecuencia de defecación. Además, el probiótico logró el ablandamiento de las heces y disminuyó el dolor abdominal.
- *B. breve* **BR03**
  - En combinación con *L. plantarum* LP01, ha demostrado ser eficaz en adultos con estreñimiento e hinchazón abdominal, reduciendo las molestias que sufrían estos pacientes en el momento de evacuar.
- *B. breve* **A1**
  - En personas que mostraban problemas de memoria incipientes, la suplementación durante doce semanas con esta cepa ha mejorado la memoria a corto plazo, así como la orientación y el lenguaje. Se cree que uno de los mecanismos por los que A1 mejora la función cognitiva en estos individuos es por la acción antiinflamatoria que ejerce.

- En modelos animales de demencia ya se demostró que esta cepa estimulaba la expresión de señales antiinflamatorias en el hipocampo cerebral. Y, precisamente, la neuroinflamación es un fenómeno importante en las patologías neurodegenerativas.
- En otro trabajo en personas con esquizofrenia que tenían ansiedad y depresión se demostró que esta cepa era capaz de aliviar los síntomas ansioso-depresivos.

- *B. breve* **B-3**

  - Ha demostrado tener un efecto sobre la composición corporal. En un estudio que incluyó a ochenta personas con sobrepeso, cuyo índice de masa corporal era entre 25 y 30, se testó el efecto de un tratamiento de doce semanas con la cepa B3. En el grupo que recibió esta cepa se observó una pérdida significativa de grasa corporal y una reducción del perímetro de cintura, además de un incremento en la masa muscular, en comparación con el grupo que tomó placebo. Por otro lado, se describió un cambio favorable en el perfil lipídico en los sujetos que recibieron *B. breve* B3. En otro trabajo con una cohorte algo menor, pero de nuevo en personas con sobrepeso, suministrar la cepa B3 favoreció la pérdida de la grasa corporal.
  - En personas con obesidad (IMC > 30) en las que habían fallado las dietas, se comprobó el efecto de añadir una combinación probiótica, concretamente *B. breve* B3, *L. plantarum* LP-115 y *L. acidophilus* LA-14, a una estrategia de adelgazamiento que incluía una dieta hipocalórica, ejercicio moderado y neuroestimulación del dermatoma T6. Esta técnica de neuroestimulación retrasa el vaciado del estómago, con lo que se logra una mayor sensación de sacie-

dad. El grupo de individuos que, además de seguir la estrategia de adelgazamiento, recibieron la combinación de probióticos (B3, LP-115, LA-14), lograron una mayor pérdida de peso, una reducción significativa de la hemoglobina glicosilada (que nos da información de los niveles de glucosa en los últimos tres meses) y una bajada espectacular de los triglicéridos. En los pacientes que recibieron la combinación probiótica también se describió un cambio en la composición de la microbiota fecal hacia un perfil antiobesogénico, con un incremento significativo en la abundancia de *Prevotella* spp., *Bifidobacterium* spp. y *Akkermansia muciniphila.*

Bifidobacterium longum sub. infantis

Lo que se conoce como *Bifidobacterium infantis* es realmente una subespecie de *Bifidobacterium longum.* Se trata de una bifidobacteria muy abundante en bebés y niños pequeños que son amamantados, pues es especialista en emplear los HMO de la leche materna que favorecen su crecimiento.

Cepas:

- *B. infantis* **IM1 (o CECT7210)**
    - Al aportar esta cepa con la leche de fórmula se observaron menos episodios de diarrea y, al mismo tiempo, en estos niños el estreñimiento fue menos frecuente que en el grupo de control que sólo tomaba la leche artificial.

- *B. infantis* **ATCC 15697**

  - En combinación con *L. acidophilus* ATCC 4356 en bebés con muy bajo peso al nacer, redujo el riesgo de ser intervenidos por enterocolitis necrotizante, aunque en otro estudio este efecto sólo se observó en los bebés que recibían leche materna.

- *B. infantis* **35624**

  - Ha demostrado tener capacidad inmunomoduladora. En un estudio en adultos se comprobó que la cepa favorecía la producción de señales antiinflamatorias en la mucosa intestinal. Esta misma cepa, en mujeres con SII, demostró mejorar el dolor y la incomodidad intestinal, así como la frecuencia de defecación.

Curiosidades: algunas cepas tienen la cualidad de degradar el ácido fítico, un antinutriente que contienen algunas legumbres y cereales. En estudios *in vitro* se ha demostrado que la cepa *B. infantis* ATCC 15697 muestra esta actividad.

Bifidobacterium longum sub. longum

Bifidobacterium longum sub. longum, que generalmente vemos abreviada como *B. longum*, se encuentra en el tracto gastrointestinal tanto de niños como de adultos. Es resistente al ácido del estómago y a las sales biliares y puede adherirse al intestino, de modo que es una buena candidata como especie probiótica.

Metabólicamente es más versátil que la otra subespecie (*B. longum sub. infantis*), que sólo degrada HMO, pues también es capaz de digerir carbohidratos complejos de la dieta.

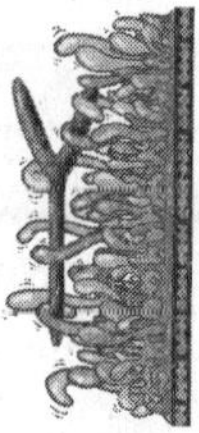

Firma

Bifidobacterium longum sub. longum

Forma: bífida

Preferencias: no tolera el oxígeno

Dónde habita: tracto gastrointestinal de niños y adultos

Qué hace:

* Degrada azúcares de la leche materna (HMO) y carbohidratos accesibles a la microbiota (MAC), lactosa

* Acción inmunomoduladora y antiinflamatoria

* Favorece la integridad de la barrera intestinal

Cepas interesantes: BB536, BORI

Figura 19.

Propiedades:

- Muestra actividad ß-galactosidasa, es decir, cuenta con enzimas para digerir la lactosa y se ha estudiado en personas que tienen mala absorción de este azúcar para favorecer su digestión.
- También expresa unas proteínas llamadas serpinas que suprimen la respuestas inflamatorias, por ejemplo, a nivel de la mucosa intestinal.

Cepas:

- *B. longum* **BB536**
  - Fue aislada en 1969 del intestino de bebés sanos que eran alimentados con lactancia materna y es la cepa más estudiada de esta especie, por lo que hay múltiples investigaciones y aplicaciones propuestas con ella.

- Es capaz de influir positivamente sobre la composición de la microbiota, incrementando la presencia de bifidobacterias y lactobacilos, a la vez que disminuye bacterias que producen compuestos nitrogenados como el amonio.
- En modelos *in vitro* y en animales se ha comprobado que BB536 reduce las citoquinas proinflamatorias e incrementa las antiinflamatorias a nivel del intestino.
- Es capaz de estimular la expresión de las proteínas que forman las uniones estrechas y que mantienen las células intestinales bien unidas formando una barrera.
- Es una buena moduladora del tránsito intestinal, mostrando una doble acción. En ancianos hospitalizados que acusaban estreñimiento, esta cepa incrementó la frecuencia de las deposiciones. Pero, además, en los casos de diarrea, redujo esta frecuencia y normalizó el tránsito intestinal.
- Ha demostrado revertir la disbiosis que causan los tratamientos antibióticos y atenuar sus efectos secundarios, como, por ejemplo, la diarrea.
- El uso de BB536 a la vez que la triple terapia antibiótica frente a *Helicobacter pylori* mejora la erradicación de esta bacteria.
- Se ha estudiado también como coadyuvante a distintas terapias oncológicas. En pacientes que recibían radioterapia a nivel pélvico, la combinación de BB536 y *L. acidophilus* LAC-361 redujo la diarrea asociada a este tipo de tratamientos.
- En otro estudio en individuos con leucemia se observó la utilidad de aportar esta cepa durante la quimioterapia, pues se previno el sobrecrecimiento de *Candida albicans*, que puede causar infecciones fúngicas graves en los pacientes inmunodeprimidos.

- Tras la resección de tumores colorrectales, el uso de BB536 mejoró la recuperación de estos pacientes al reducir la inflamación causada por la cirugía.
- Modula la respuesta del sistema inmunitario.

    - En personas que tenían alergia al polen de cedro, la suplementación con BB536 (entre cuatro y catorce semanas, dependiendo del estudio) demostró reducir los síntomas.
    - En los individuos que tomaban BB536 mejoraron las secreciones nasales y los síntomas oculares y disminuyeron sus niveles de IgE y de eosinófilos, que están elevados en los procesos alérgicos.
    - En niños que tenían rinitis alérgica estacional o polinosis, la combinación de BB536 con *B. infantis* M-63 y *B. breve* M-16V mejoró los síntomas de la rinitis y la calidad de vida de estos pequeños.
    - También en población pediátrica, el tratamiento con la cepa BB536 durante diez meses redujo la incidencia y la gravedad de las infecciones respiratorias.
    - En otro trabajo se analizó el efecto de la administración durante el periparto, primero a la embarazada y después al bebé durante los primeros dieciocho meses, de *B. longum* BB536 y *B. breve* M-16V. En los niños que recibieron la combinación de bifidobacterias, la incidencia de dermatitis atópica y eccemas fue menor a partir de los diez meses.

- Esta cepa también parece mejorar la respuesta a la vacunación, concretamente para la vacuna de la gripe.

- En dos estudios clínicos distintos se demostró que suministrar BB536 a ancianos junto con esta vacuna incrementó la actividad de las células *Natural Killer* (que actúan frente a virus y bacterias) y mejoró la inmunidad a nivel de las mucosas, en comparación con los individuos que tomaron placebo.

- Presenta actividad hidrolasa de las sales biliares, lo que significa que incrementa su excreción y la síntesis *ex novo*, con la consiguiente reducción de los niveles séricos de colesterol.

  - En una población con riesgo cardiovascular bajo, el tratamiento durante doce semanas con BB536 y levadura de arroz rojo logró reducir los niveles de colesterol total y LDL.
  - En otro estudio en mujeres con hipercolesterolemia moderada, se combinó BB536 con *L. acidophilus* 145, observando una reducción del colesterol LDL.

- En combinación con *L. rhamnosus* HN001 y vitamina B6 ha demostrado mejorar las molestias intestinales de pacientes con SII. Pero, además, se restaura el desequilibrio de la microbiota y el exceso de permeabilidad intestinal. Esta misma combinación probiótica también ha resultado útil en personas con intolerancia a la lactosa que tenían síntomas intestinales, aun siguiendo dietas libres de este azúcar.

- *B. longum* **NCC3001**

  - Tiene cierta acción antidepresiva.

- *B. longum* **1714**
  - Reduce el estrés, la fatiga mental y mejora ligeramente la memoria en personas sometidas a estresores físicos (frío) y psicológicos (estrés social).
- *B. longum* **R0175**
  - Ha demostrado mitigar el estrés cuando se suministra en combinación con *Lactobacillus helveticus* R0052.
- *B. longum* **W11 y FOS**
  - En personas con esteatosis hepática, o hígado graso, tras tres meses de tratamiento disminuyen los niveles de amonio en sangre. Este compuesto parece favorecer los fenómenos metabólicos que dan lugar al hígado graso y también causa la encefalopatía hepática. En ese trabajo también se describe una mejora a nivel cognitivo en el grupo que recibe el sinbiótico, respecto al que tomó placebo.
- *B. longum* **8PA3**
  - En otro estudio, también en pacientes con daño hepático por consumo de alcohol, la combinación de *B. longum* y *B. bifidum* disminuyó significativamente los niveles de transaminasas en sangre. Los niveles elevados de estas enzimas son un indicio de daño en el hígado. Parece, por tanto, que las bifidobacterias, especialmente *B. longum*, tendrían un papel protector a nivel hepático.

- *B. longum* **BORI**
    - Ha demostrado acción antivírica frente a rotavirus.
    - En combinación con una cepa de *L. acidophilus*, se suministró a niños ingresados por la infección con rotavirus, logrando reducir la duración de la diarrea. Uno de los mecanismos por los que consigue esta acción antiviral es impidiendo la unión del rotavirus a las células intestinales humanas.

4.4. Otros géneros

Enterococcus faecium

Además de lactobacilos y bifidobacterias, también encontramos otros géneros bacterianos como microorganismos probióticos, como *Enterococcus*. Concretamente, la especie *E. faecium* se ha empleado tanto en formulaciones probióticas como en la fabricación de alimentos fermentados por las propiedades organolépticas que aporta. Tradicionalmente, esta especie se ha utilizado como cultivo de iniciación para la fermentación de lácteos y embutidos, por su actividad lipolítica y proteolítica, y la producción de compuestos volátiles, que aportan sabores característicos. En alguna publicación antigua se puede encontrar como *Streptococcus faecium*, pues antes pertenecía a ese género.

Enterococcus faecium se ha aislado del calostro, pues abunda en la leche materna, pero también en la superficie de las mucosas. Se ha estudiado como especie probiótica por su acción beneficiosa, ya que:

- Produce compuestos antimicrobianos frente a diferentes patógenos.

Enterococcus faecium

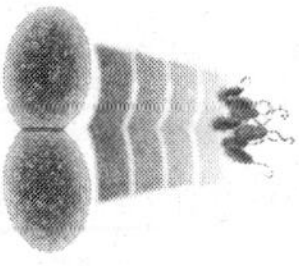

Forma: coco (parejas o cadenas cortas)

Preferencias: tolera pequeñas cantidades de oxígeno

Dónde habita: tracto gastrointestinal, boca y vagina

Qué hace:

* Inhibe el crecimiento de muchos microorganismos patógenos

* Acción inmunomoduladora

* Resiste un gran número de antibióticos

Cepas interesantes: SF68, UBEF-41

Firma

Figura 20.

- Tiene actividad hidrolasa de las sales biliares, es decir, puede regular el colesterol.
- Tiene función inmunomoduladora.

A pesar de todas las acciones interesantes que realiza, no es frecuente encontrar esta especie en los productos probióticos.

Algunas cepas tienen genes transmisibles de resistencia a los antibióticos, como, por ejemplo, a la vancomicina. En este sentido, no hay que preocuparse por las cepas que se emplean como probióticos, pues, si bien pueden resistir a un buen número de antibióticos, son sensibles a la vancomicina.

Como ya he comentado, *E. faecium* es útil para contrarrestar los patógenos. Por ejemplo, inhibe a *Enterococcus faecalis*, una bacteria intestinal que puede causar infecciones graves. Una idea revolucionaria es utilizar un enterococo para luchar contra otro.

Cepas:

- *E. faecium* **SF68**
    - Se ha estudiado ampliamente para el tratamiento de la diarrea aguda, reduciendo la duración de este síntoma.
    - Ha demostrado utilidad en la prevención de la diarrea asociada a los tratamientos antibióticos, disminuyendo la severidad y la duración de los episodios.

- Algunas cepas (**M01-01, M13-01, K04-03, K09-02, C901, GM-1, ATCC 27270, UBEF-41**) producen bacteriocinas frente a *Listeria monocytogenes, Escherichia coli, Salmonella typhimurium, Staphylococcus aureus* o *Helicobacter pylori.*
- Otras cepas (**WB2000** y **JCM5804**) inhiben la formación de biopelículas por parte de *Streptococcus mutans.*
- Cepas como **L5** o **129 BIO 3B-R** han demostrado contrarrestar los efectos secundarios y reequilibrar la microbiota tras un tratamiento antibiótico.

Escherichia coli

Escherichia coli, a diferencia de todas las demás especies de las que hemos hablado, es una bacteria gramnegativa. Pero ¿qué significa esto? Pues que su envoltura celular es distinta y más compleja que la de las bacterias que se denominan grampositivas. La membrana externa de las bacterias gramnegativas contiene lipopolisacáridos, unas moléculas que desencadenan una respuesta inflamatoria por parte de las células humanas.

La especie *Escherichia coli* cuenta con algunas cepas que se denominan enterohemorrágicas. Estas cepas producen una toxina, llamada Shiga, que causa daño en la pared intestinal y puede llegar a provocar la muerte. La contaminación de alimentos con estas cepas ha provocado algunas crisis sanitarias, como la llamada «crisis del pepino», ocurrida en Alemania en 2011.

Sin embargo, también podemos encontrar a *E. coli* como microorganismo probiótico.

Cepas:

- *E. coli* **Nissle 1917**
  - Muestra una importante acción antibacteriana frente a los patógenos que causan infecciones gastrointestinales, como *S. typhimurium* o las famosas cepas enterohemorrágicas de *E. coli*.

Curiosidades: a pesar de que Nissle 1917 se ha empleado durante más de un siglo como probiótico, en los últimos años han surgido dudas sobre su seguridad. Por un lado, se han comunicado algunos casos de sepsis en niños por la presencia de este microorganismo. Y, por otro, esta cepa tendría la capacidad de producir colibactina, una molécula que favorece un exceso de permeabilidad en el intestino y que es genotóxica, es decir, causa daño en el ADN; hasta tal punto que se sugiere que las cepas de *E. coli* que producen colibactina promoverían el crecimiento tumoral. En ratones se ha comprobado la relación entre esta molécula y el incremento en el tamaño y el número de los tumores colorrectales.

- *E. coli* **DSM 17252 como parabiótico**
  - En pacientes con SII, los que recibían el parabiótico tenían menos síntomas que los que tomaban placebo.

- Los estudios apuntan a que se lograría esa acción mediante la interacción directa de ciertas estructuras de membrana de *E. coli* con células intestinales, estimulando la respuesta del sistema inmune.

Streptococcus

Encontramos estreptococos en la cavidad oral y en todo el tracto intestinal. Dentro de este género hay especies que pueden ser patógenas, como *S. pneumoniae* y *S. agalactiae*, que pueden causar infecciones graves en neonatos y adultos, y *S. mutans*, que forma parte de la placa dental y se relaciona con el desarrollo de caries. Sin embargo, muchas otras especies de estreptococos son inofensivas, forman parte de la microbiota de personas sanas y hasta se emplean como microorganismos probióticos.

Streptococcus thermophilus

En el caso de *S. thermophilus*, además de usarse como probiótico, también se emplea junto con *L. bulgaricus* para la fabricación de yogur y otros derivados de la leche. Son útiles por su capacidad de fermentación y porque soportan temperaturas elevadas. Es difícil encontrar a *S. thermophilus* como único microorganismo en una formulación probiótica —normalmente se emplea en combinación con otras muchas especies de lactobacilos y bifidobacterias—, lo cual dificulta saber qué acción concreta lleva a cabo este microorganismo.

Cepas:

- *S. thermophilus* **ST10**, en combinación con un prebiótico, demostró corregir el exceso de permeabilidad intestinal.
- *S. thermophilus* **065**, en combinación con *B. breve* C50, redujo la severidad de los episodios de diarrea aguda en bebés.

- *S. thermophilus* **FP4**, en combinación con *B. breve* BR03, se utilizó en deportistas y pareció atenuar el daño muscular que causaba el ejercicio.

Por otro lado, se ha estudiado la suplementación de esta especie de estreptococos con *L. bulgaricus* para reducir los niveles de transaminasas en pacientes con hígado graso no alcohólico.

Streptococcus salivarius

Otra especie muy empleada como probiótico es *Streptococcus salivarius*. Se trata de un habitante habitual de las bocas sanas, por eso son muchos los estudios que plantean su uso para distintos problemas de salud oral.

Cepas:

- *S. salivarius* **M18** y **KS12** tienen la capacidad de inhibir patógenos, como por ejemplo *S. mutans*.
- *S. salivarius* **M18**
  - Muestra capacidad anticariogénica y de reducción de la placa dental en niños con caries.
  - También en población pediátrica ha demostrado reducir la formación de manchas negras en los dientes.
- *S. salivarius* **KS12**
  - En personas con liquen plano oral, una enfermedad inflamatoria que afecta a las mucosas (en este caso, la oral) y que tiene una base autoinmune, el tratamiento durante cuatro semanas con esta cepa mejoró las lesiones de la mucosa oral y podría ser de ayuda en estos pacientes.

- *S. salivarius* **24SMB** y *Streptococcus oralis* **89a**

    - Tienen capacidad inmunomoduladora y reducen las señales inflamatorias.
    - La aplicación nasal de estas cepas en niños con infecciones recurrentes de las vías respiratorias altas demostró ser útil en varios estudios. El tratamiento profiláctico con estas dos especies logró reducir los casos de rinosinusitis, tos, fiebre o dolor de oídos.
    - En niños con faringoamigdalitis, que suele ser causada por *S. pyogenes*, esta combinación de cepas redujo el número de infecciones y el uso de tratamiento antibiótico en comparación con los niños que tomaron placebo.

Streptococcus oralis

Dentro de *S. oralis* encontramos una subespecie llamada *S. oralis* subsp. *dentisani*, que podemos abreviar como *S. dentisani*. Fue aislada en 2011 de la placa dental de personas que no tenían caries.

Cepa:

- *S. dentisani* **7746**

    - Tiene la capacidad de colonizar la placa dental y de contrarrestar el crecimiento de microorganismos como *S. mutans*.
    - En otro estudio se comprobó que los pacientes que recibieron esta cepa mejoraron la salud oral, lo cual se reflejó en el incremento del flujo salival y la menor inflamación de las encías.

También parece prometedora la capacidad de inhibición de microorganismos cariogénicos, como *S. mutans*, de la especie *S. downii*. Esta bacteria fue descubierta hace apenas un par de años al aislarla de la placa dental de personas con síndrome de Down, que muestran una prevalencia muy baja de caries con respecto a la población general.

Así pues, vemos que son varias las especies probióticas de *Streptococcus* con aplicaciones interesantes para los trastornos de la salud oral y en las infecciones de las vías respiratorias altas.

Pediococcus

Otro género de bacterias ácido-lácticas que despierta interés es *Pediococcus*. Una de las cualidades que tiene es la producción de un tipo de bacteriocinas, las pediocinas, que muestran una gran actividad bactericida frente a *Listeria monocytogenes*. Las dos especies más empleadas son *P. pentosaceus* y *P. acidilactici*. En la industria alimentaria se usan como cultivo de iniciación para la fabricación de alimentos fermentados y para obtener pediocinas. También se han utilizado como probióticos en animales y hay algún estudio en seres humanos.

Pediococcus acidilactici

Cepas:

- *P. acidilactici* **K15 como parabiótico**
  - Efecto inmunomodulador.
  - En niños se ha observado un aumento de los anticuerpos a nivel de las mucosas. Si los pequeños no

tomaban alimentos fermentados, cuando tomaron el parabiótico, se redujeron las infecciones virales.

- *P. acidilactici* **CECT7483** combinada con *L. plantarum* CECT7484 y CECT7485.

  - En personas con SII se ha observado una mejoría en la calidad de vida, con una reducción del dolor abdominal y los episodios de diarrea.
  - Los resultados obtenidos son mejores en aquellas personas que además del probiótico incluían un antiespasmódico, fármaco que relaja las contracciones de las paredes intestinales.

Pediococcus pentosaceus

Cepas:

- *P. pentosaceus* **LP28 como parabiótico**

  - En personas con sobrepeso demostró una discreta acción antiobesogénica.

- *P. pentosaceus* en combinación con *Leuconostoc mesenteroides*, *L. paracasei*, *L. plantarum* y varios compuestos prebióticos.

  - Este sinbiótico, administrado por sonda nasogástrica a personas ingresadas en UCI por politraumatismo, demostró reducir el tiempo de estancia hospitalaria, así como el riesgo de infecciones.

Microorganismos del suelo

Los probióticos a base de microorganismos del suelo, conocidos como SBO *(Soil-Based Organisms)* o HSO *(Homeostatic Soil Organisms)*, suelen incluir una mezcla de numerosas especies bacterianas que, como su nombre indica, tienen su origen en el suelo. Por lo tanto, la mayoría no son microbios que formen parte de la microbiota intestinal humana de forma permanente. Algunas de las especies que incluyen estas formulaciones son reconocidas por la EFSA como seguras, pero la mayoría son especies poco o nada estudiadas como microorganismos para el consumo humano.

Pero ¿por qué han ganado fama estos probióticos del suelo, sobre todo en Estados Unidos? En primer lugar, se hace mucho hincapié en su resistencia; la mayor parte de los SBO son especies formadoras de esporas, por lo que pueden resistir en condiciones muy extremas de pH o temperatura e incluso pueden incluirse en alimentos sin que los microorganismos se inactiven.

Existen dos trabajos con una formulación llamada *Prescript-Assist* que incluye veintinueve especies y sustancias prebióticas. En su composición se encuentran los géneros *Anthrobacter, Acinetobacter, Azotobacter, Azospirillum, Bacillus, Bacteroides, Brevibacterium, Kurtha, Myrothecium, Pseudomonas* y *Phanerochaete*. En esos trabajos se trató a 25 personas con SII durante un período corto de tiempo, de pocas semanas, y hasta el año, y se describe, tanto a corto como a largo plazo, una mejoría en los síntomas de estos pacientes.

Bacillus

Quizá el género de SBO mejor estudiado y caracterizado es *Bacillus*. Algunas especies como *B. cereus* pueden generar toxinas que causan intoxicaciones alimentarias. Pero no todas las especies son peligrosas, pues otras se emplean como microorganismos probióticos ya que han sido reconocidos por la EFSA como seguros (QPS).

Bacillus coagulans

Uno de los *Bacillus* más estudiados como probiótico es *B. coagulans*, que en un primer momento se clasificó como un lactobacilo, recibiendo el nombre de *Lactobacillus sporogenes*, precisamente por esa capacidad de formar esporas. Aunque *B. coagulans* llega vivo al intestino, no forma colonias permanentes. Se estima que a los siete días de ser ingerido por vía oral es eliminado por las heces.

Cepas:

- *B. coagulans* **MTCC 5260, DSM17654 y MTCC 5856**
    - Se han estudiado en personas con SII, tanto en adultos como en niños, y han demostrado mejorar los síntomas, como el malestar y dolor intestinal, la diarrea o el estreñimiento.
- *B. coagulans* **SNZ 1969 en combinación con** *B. clausii* **SNZ 1971 y** *B. subtilis* **SNZ 1972**
    - En pacientes con síntomas gastrointestinales esta formulación probiótica mejoró, tras un mes de tratamiento, los síntomas de dispepsia; redujo los eructos, el dolor y la sensación de hinchazón.

Bacillus subtilis

B. subtilis es otra especie que encontramos en los suelos. Aunque no es autóctona de nuestro intestino, se ha estudiado como microorganismo probiótico en seres humanos. Además, despierta interés por parte de la industria para producir algunas sustancias. Se emplea como un tipo de biorreactor para producir vitaminas del grupo B (B1, B2, B5, B6 y B7) o algunas enzimas con las que poder digerir almidón o celulosa.

Cepas:

- *B. subtilis* y *E. faecium*
    - En pacientes con reflujo esofágico, esta combinación probiótica junto con un inhibidor de la bomba de protones, fármaco que se emplea para aliviar los síntomas del reflujo, redujo la incidencia de SIBO y de diarreas. Los tratamientos prolongados con este tipo de fármacos se asocian con un aumento del SIBO y otros efectos secundarios.
    - Esta combinación probiótica como adyuvante a la terapia antibiótica para erradicar *H. pylori* protegió de la disbiosis que causa este tratamiento. De nuevo, esta misma combinación de microorganismos, en pacientes con pancreatitis, demostró reducir significativamente el tiempo de hospitalización.

- *B. subtilis* **DE111**
    - Efecto inmunomodulador.
    - Mejora el perfil lipídico en las personas sanas, logrando reducir significativamente los niveles de colesterol LDL, también llamado colesterol «malo».

La duda que puede surgir ahora es si todos los microbios del suelo son inofensivos. Por poner un ejemplo concreto, en la formulación probiótica *Prescript-Assist* se incluyen especies como *Bacillus thuringiensis*, que produce toxinas, y otras como *Micrococcus luteus* o *Pseudomonas putida*, que en personas con el sistema inmune comprometido pueden producir infecciones. En consecuencia, la respuesta es que no todos los microbios del suelo son inofensivos.

Se dice que una microbiota saludable es aquella que cuenta con diversidad de microorganismos y para ello es fundamental el contacto con la naturaleza desde la primera infancia. Estos microbios que encontramos en los ambientes naturales entrenan al sistema inmune, lo despiertan y hacen que esté alerta. En esto se basan las personas que defienden el consumo de microbios del suelo. Pero no es lo mismo tener contacto con pequeñas cantidades de estos microorganismos que ingerirlos en grandes dosis.

Las reticencias sobre el uso de los SBO se basan, por un lado, en que se incluyen especies poco estudiadas o cuya seguridad no se ha estudiado en seres humanos. Y, por otro, en que si pensamos en una persona que tenga un exceso de permeabilidad intestinal, que esté inmunodeprimida o simplemente que tenga una disbiosis, ingerir microorganismos que no son nuestros «amigos» no parece la mejor opción. Precisamente, una de las supuestas ventajas de este tipo de probióticos —la formación de esporas— puede volverse en nuestra contra si el microorganismo se comporta como un patógeno oportunista, porque estas formas de resistencia dificultarán mucho su erradicación.

Emplear probióticos del suelo quizá no suponga un problema en las personas que tengan una microbiota perfectamente equilibrada y saludable, si es que existen en nuestro entorno, pero no son una opción para todos los intestinos ni para cualquier trastorno.

Saccharomyces boulardii

La única especie no bacteriana que se emplea como probiótico es *Saccharomyces cerevisiae* var. *boulardii*, que puede abreviarse como *S. boulardii*. Se trata de una levadura, es

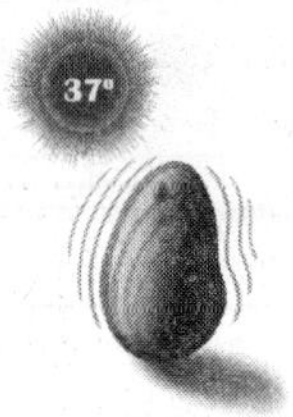

Saccharomyces cerevisiae* var. *boulardii

Forma: levaduriforme

Preferencias: tolera el oxígeno y le gusta crecer a 37 °C

Dónde habita: aunque está de paso, se encuentra en todo el tracto gastrointestinal y genital

Qué hace:

* Contrarresta bacterias patógenas y *Candica albicans*
* Los β-glucanos de su pared celular tienen acción inmunomoduladora
* Resiste los antibióticos

Cepas interesantes: pocas diferencias genéticas entre sus cepas

Firma

Figura 21.

decir, un hongo muy pequeño. Es importante no confundir una levadura con una bacteria. Aunque ambos tipos de microorganismos son muy pequeños, las levaduras y los hongos macroscópicos se parecen más a nuestras células humanas en lo referente a la organización y la complejidad de sus células. Con respecto a su tamaño, aunque pequeña, una levadura es entre cinco y diez veces más grande que una bacteria. Además, *S. boulardii*, como cualquier otra levadura u hongo, no es sensible a la acción de los antibióticos. Muchas levaduras forman parte de nuestra microbiota comensal. Esta fracción micótica es lo que se conoce como micobiota.

S. boulardii fue descubierta en 1923 y desde entonces ha sido ampliamente estudiada y empleada como probiótico.

Propiedades:

- Resiste un rango de pH y temperaturas amplio, así como la presencia de las sales biliares, por lo que es capaz de sobrevivir en nuestro tracto gastrointestinal. Aunque esté de paso, es decir, no forma colonias permanentes, realiza acciones interesantes durante su estancia en nuestro intestino.

- Acidifica el medio mediante la producción de ácido acético, un ácido graso de cadena corta, generando así un ambiente hostil para los patógenos.
- Estimula la producción de IgA por parte de las células humanas, mejorando las defensas naturales de nuestras mucosas. También se ha estudiado el efecto positivo que tiene *S. boulardii* sobre la integridad del epitelio intestinal.
- Los β-glucanos de la pared celular de esta levadura han demostrado proteger de la oxidación gracias a su capacidad para absorber radicales libres y también muestran una actividad antiproliferativa, es decir, inhiben el crecimiento de ciertas líneas celulares de cáncer.

Curiosidades: aunque se suele hablar de distintas cepas de *S. boulardii*, realmente las diferencias genéticas son mínimas entre los diversos nombres comerciales. Recordemos que se trata de una variedad *S. cerevisiae*, con lo cual podríamos considerar a *boulardii* como una cepa de la especie *cerevisiae.*

En varios estudios se ha comprobado el efecto de *S. boulardii* CNCM I-745 en la eliminación de *Helicobacter pylori*. Acompañando al cóctel de antibióticos que se suele emplear, esta levadura logró reducir los efectos secundarios como los vómitos y la diarrea. Pero además, al incluir esta levadura se mejoró el porcentaje de eliminación que lograba el antibiótico. También se estudió el efecto de CNCM I-745 en solitario, observándose una reducción en la población de *H. pylori*, aunque no su erradicación total. *S. boulardii* consigue reducir la presencia de *H. pylori* dificultando su adhesión a nuestras células, para lo cual produce unas enzimas específicas.

En ocasiones, a causa de algunas terapias antibióticas, se produce una infección por *Clostridioides difficile*. Con la disminución de la microbiota comensal o «amiga» se reduce la transformación de los ácidos biliares, que parecen fundamentales para controlar el crecimiento de este patógeno. *S. boulardii* ayuda a mantener unos niveles de ácidos biliares secundarios adecuados. Además, es capaz de inactivar las toxinas que produce *Clostridioides difficile* y que son las responsables del cuadro de diarrea grave que provoca esta bacteria.

Debido a su gran tamaño, comparado con una bacteria, *S. boulardii* impide que algunos patógenos se adhieran a la superficie intestinal, como *Salmonella* o *C. difficile*. Además, en un estudio se observó que esta levadura es capaz de impedir la unión de *Entamoeba histolytica*, un parásito que puede causar amebiasis, a las células sanguíneas.

Con respecto a la diarrea del viajero que ocurre al consumir agua o alimentos contaminados, generalmente su origen es una infección por bacterias intestinales patógenas, aunque también puede ser causada por virus, como rotavirus y norovirus e incluso por parásitos como *Giardia*. Se ha demostrado que *S. boulardii* CNCM I-745 logra reducir la incidencia de la diarrea del viajero. En casos de diarrea aguda en niños, este microorganismo ha resultado útil al disminuir la duración y gravedad de estos episodios.

También es frecuente que, al atacar con antibióticos la microbiota comensal, levaduras como *Candida albicans* aprovechen para crecer en exceso. Si bien *C. albicans* puede formar parte de la microbiota normal de cualquier persona, si aumenta mucho su abundancia y cambia su morfología (de levadura unicelular a filamentosa), puede causar problemas. De nuevo, *S. boulardii* CNCM I-745 ha resultado útil en esta situación. Es capaz de producir ácido cáprico, un ácido graso de cadena media que también forma parte del aceite de coco. Este ácido graso inhibe la formación de hifas o filamentos de *C. albicans* y disminuye su adherencia y la formación de biopelículas (que aumentan la resistencia a agentes antimicrobianos).

Se ha estudiado el uso de *S. boulardii* en bebés prematuros, que son susceptibles a sufrir infecciones por cándida debido a su configuración de la microbiota inadecuada y el sistema inmune inmaduro que tienen. En ese trabajo se comprobó que *S. boulardii* resultaba igual de eficaz que un antimicótico farmacológico, concretamente la nistatina, para evitar la colonización e infección por *C. albicans* en prematuros con muy bajo peso al nacer.

Por último, se ha estudiado el uso de *S. boulardii* en casos de sobrecrecimiento bacteriano en el intestino delgado en comparación con el antibiótico metronidazol. Se observó que suministrar *S. boulardii* durante dos meses como terapia única era más eficaz que el antibiótico en solitario para disminuir el SIBO y mejorar la sintomatología (diarrea, dolor e hinchazón abdominal).

Si bien es cierto que el uso de *S. boulardii* como probiótico es, en general, seguro y por eso la EFSA permite su empleo como microorganismo probiótico, se han registrado algunos casos de fungemia o, lo que es lo mismo, la presencia de este hongo en sangre. Actualmente se desaconseja su empleo en personas que tengan una vía central, porque puede facilitar esta infección. Sin embargo, parece seguro en pacientes oncológicos y bebés prematuros.

4.5. Probióticos de nueva generación

Tradicionalmente se han empleado como probióticos especies de lactobacilos, bifidobacterias, *Saccharomyces boulardii*, algún *Enterococcus*, *Streptococcus* o *Bacillus*. Estos microorganismos cuentan con una larga historia de uso por su inocuidad y porque su cultivo resulta relativamente sencillo, pero también hay otras muchas especies que, aunque se ha demostrado que realizan funciones interesantes dentro de nuestra microbiota, no se aplican aún como microorganismos probióticos, ya sea por la dificultad que supone aislar y lograr crecer esas bacterias en cantidades adecuadas o porque aún no se ha probado su seguridad. Éstos son los probióticos de nueva o próxima generación *(Next Generation Probiotics)*.

Akkermansia muciniphila

Una de las especies que parece muy prometedora como probiótico es *Akkermansia muciniphila*. Supone entre el 1 y 4 por ciento de la microbiota total de un adulto sano y vive en la capa de moco que protege el intestino. Como se alimenta exclusivamente de esta mucina protectora y crece en ausencia total de oxígeno, su cultivo en laboratorio ha supuesto una gran reto.

La abundancia de *A. muciniphila* se asocia de forma negativa con trastornos metabólicos. Es decir, en personas con obesidad, sobrepeso, diabetes *mellitus* tipo 2 o hipertensión, la presencia de este microorganismo es menor en comparación con personas sanas. Se cree que ejerce importantes funciones para mantener la homeostasis intestinal al contribuir en la renovación de la capa de moco que cubre el epitelio intestinal, aunque también podría tener una influencia positiva sobre la integridad de la barrera intestinal.

Determinados factores favorecen su crecimiento, como la restricción calórica y los ayunos, las dietas ricas en grasa y bajas en carbohidratos, así como ingerir compuestos fenólicos como el resveratrol.

En **estudios en animales** se ha demostrado que suministrar *A. muciniphila* mejora la sensibilidad a la insulina y reduce los depósitos de grasa y la inflamación de bajo grado; esto último al favorecer la salud de las uniones estrechas y reducir las señales inflamatorias. La utilidad de esta especie se ha probado no sólo en trastornos metabólicos, sino también en enfermedades neurodegenerativas, en el envejecimiento y en casos de colitis y cáncer. En todos estos estudios se utilizaron roedores para comprobar los efectos de *Akkermansia*.

Por ahora son escasos los **trabajos en seres humanos**. En un estudio piloto en personas con obesidad y sobrepeso se testó, en primer lugar, la tolerancia de este microorganismo probiótico, tanto vivo como pasteurizado, es decir, inactivado. No se observaron efectos adversos en el pequeño grupo de pacientes objeto de estudio. Además, tras tres meses de tratamiento, se describieron mejoras significativas en algunos parámetros, como los niveles de insulina o el colesterol total. Sin embargo, la pérdida de peso y la disminución de la circunferencia de cintura fueron más discretas y no se observaron cambios en la integridad del epitelio intestinal de los pacientes.

En Estados Unidos ya se comercializa como microorganismo probiótico y en Europa la EFSA aprobó en 2021 el uso de *A. muciniphila* pasteurizada como parabiótico. Además, este organismo regulador limita el empleo de *Akkermansia* en casos de embarazo y en niños.

Un aspecto que preocupa sobre el uso de esta bacteria es que tener un exceso de *A. muciniphila* no parece muy deseable. En estudios en modelos animales de la enfermedad de Parkinson se observó que el enriquecimiento de la microbiota con este taxón causaba un adelgazamiento de la capa de *mucus* intestinal y la mucosa era más vulnerable a patógenos. En algunas enfermedades neurológicas, como la esclerosis múltiple, también se han descrito niveles elevados de *Akkermansia*. En consecuencia, es necesario dilucidar el papel que desempeña en estas patologías antes de generalizar su uso como probiótico. Además, también se necesitan más estudios en seres humanos para asegurar que esta especie bacteriana tan prometedora replica los resultados observados en animales.

Faecalibacterium prausnitzii

Otra especie que ha demostrado ser importante en la microbiota de personas sanas y por ello se plantea su uso como microorganismo probiótico es *Faecalibacterium prausnitzii*. Se considera un biomarcador de un intestino sano. Sus niveles son reducidos en personas con EII, diabetes, cáncer colorrectal o en ancianos con una salud frágil. Entre las acciones que lleva a cabo esta bacteria en el ecosistema intestinal destaca la producción de sustancias como el butirato. Ya he comentado la importancia de este ácido graso de cadena corta para lograr la homeostasis intestinal. La estrategia para incrementar los niveles de este microorganismo consiste en aportar fibra fermentable, por eso su presencia abunda en las personas que siguen dietas ricas en vegetales.

Hay bastantes **estudios en animales** que emplean esta especie. En un trabajo en ratones a los que se había provocado una colitis, se observó que al suplementar con *F. prausnitzii* se favorecía la recuperación de la mucosa intestinal gracias al efecto antiinflamatorio que ejerce esta bacteria. En otro modelo animal, en este caso de depresión y ansiedad, esta bacteria demostró incrementar los ácidos grasos de cadena corta y también las señales antiinflamatorias a nivel intestinal, además de mejorar la conducta en los animales de experimentación.

De nuevo nos encontramos con que no hay estudios clínicos en seres humanos que hayan empleado *Faecalibacterium prausnitzii* como probiótico, aunque parece claro que su presencia en nuestra microbiota intestinal es importante para alcanzar la salud. Una de las posibles causas de esta escasez de estudios en humanos es que su cultivo es complicado, ya que es muy sensible a la presencia de oxígeno. Además, la EFSA aún no ha aprobado su seguridad. A pesar de todo esto, el futuro de *F. prausnitzii* como probiótico de nueva generación parece asegurado.

Bacteroides fragilis

Otra especie bacteriana que podría tener utilidad como probiótico es *Bacteroides fragilis*, que supone aproximadamente el 1 por ciento de nuestra microbiota. Aunque algunas cepas pueden producir una endotoxina que causa diarreas y otros problemas más graves (colitis, cáncer de colon, etc.), las cepas que no la producen tienen un impacto positivo dentro de la microbiota, destacando su capacidad inmunomoduladora. Además, *B. fragilis* contiene un azúcar en su exterior, llamado polisacárido capsular A, que le permite unirse al intestino y ejercer una comunicación con nuestro sistema inmune, promoviendo la producción de señales antiinflamatorias como la IL-10.

En ratones sin microbiota, en los que la respuesta inmunitaria era inadecuada, se comprobó que al introducir *B. fragilis*, o simplemente el polisacárido A de esta bacteria, se restauraba la actividad normal del sistema inmune. Son muchos los trabajos en modelos animales en los que se ha descrito la utilidad de este polisacárido que contiene *B. fragilis* en el tratamiento de la colitis, el asma o los trastornos del neurodesarrollo. En líneas celulares de cáncer de colon, se ha observado una acción antiproliferativa del polisacárido A. A pesar de todo esto, aún no se ha dado el paso a estudios en seres humanos con este microorganismo o alguno de sus componentes celulares.

Christensenella minuta

Otra candidata a probiótico es la especie *Christensenella minuta*, a la que se le atribuye una acción antiobesidad. Se ha observado que esta bacteria abunda en las personas con un peso saludable y escasea en las que tienen sobrepeso u obesidad. Así como los niveles de otros microorganismos están muy influenciados por lo que comemos, en el caso de *C. minuta* depende en gran medida de un factor hereditario. Esto se ha estudiado en varias poblaciones de gemelos, en los que los monocigóticos (gemelos idénticos) tenían niveles más parecidos de esta bacteria que los dicigóticos (gemelos no idénticos).

En ratones a los que se le transfirió la microbiota de personas obesas, lo cual les causó un aumento de la adiposidad, se comprobó que si se les suministraba *C. minuta* se reducía la ganancia de peso y de grasa. Aunque resultan prometedores, estos resultados no se han validado en seres humanos. Además, aún quedan por realizar estudios de seguridad que permitan emplear con garantías este microorganismo como probiótico.

Arqueas

Las arqueas no son bacterias, sino otro tipo de microorganismos diferentes, aunque por su simplicidad celular y su pequeño tamaño pueden resultar similares.

El potencial de las arqueas como microorganismos probióticos se debe a que algunas son capaces de transformar la trimetilamina (TMA) en metanol. Nos interesa reducir la cantidad de TMA porque esta molécula, que se produce a partir de la colina y la L-carnitina (que contienen los huevos, pescado, carne, etc.), puede oxidarse en el hígado y dar lugar al compuesto trimetilamina oxidada (TMAO), que aumenta el riesgo cardiovascular.

Que se forme más o menos TMA depende de la composición de la microbiota intestinal. Por ejemplo, enterobacterias como *Escherichia coli* y *Klebsiella pneumoniae* están involucradas en la formación de TMA, mientras que algunas arqueas como *Methanomethylophilus alvus* reducen sus niveles.

Pero ¿se podría emplear esta arquea para tratar el riesgo cardiovascular? Parece que aún no está cerca el día en que se empleen este tipo de microorganismos como probióticos, pues nunca se han usado arqueas en este sentido, aunque esta cualidad de reducir los niveles de TMA resulta muy interesante.

Otros

Hay otras muchas especies de bacterias o incluso hongos que se han propuesto como probióticos de nueva generación, como otras especies de *Bacteroides*, *Clostridium* como *C. butyricum* o especies de *Eubacterium*. También se están investigando bacterias como *Atopobium vaginae*, otras de la familia *Eggerthellaceae* e incluso cepas modificadas y atenuadas de *Salmonella*. Éstas entrarían dentro del campo de los productos bioterapéuticos, un campo de investigación en plena expansión.

Entre los hongos, se está estudiando la posibilidad de

usar como probióticos especies como *Kluyveromyces marxianus*, *Pichia membranifaciens* o *Candida oleophila*.

Sin embargo, la mayoría de ellos están aún en una fase preclínica de estudio, y pueden pasar muchos años antes de que formen parte de nuestro arsenal de cepas para una microbioterapia de precisión.

5

Perspectivas de futuro y conclusiones

En las sociedades modernas industrializadas la microbiota sufre agresiones diariamente. Una alimentación inadecuada, el estrés, la contaminación, un exceso de fármacos, la falta de contacto con la naturaleza, etc., tienen un impacto negativo en los microorganismos que nos habitan. En consecuencia, resulta difícil encontrar personas con una microbiota sana en nuestro entorno, por eso suscita tanto interés conocer cómo influir positivamente en la microbiota.

Una alimentación prebiótica y la introducción de alimentos fermentados pueden aportar una mayor diversidad microbiana. Pero si queremos realizar cambios muy concretos o revertir la disbiosis o desequilibrio en estos bichillos, seguramente necesitamos la ayuda de otras estrategias.

Actualmente, la herramienta más sofisticada y que todos tenemos al alcance para modificar la composición de nuestra microbiota son los probióticos con formulaciones específicas. La selección de cepas de derivación humana y capaces de sobrevivir a lo largo del tracto gastrointestinal nos permite llevar a cabo la microbioterapia de precisión. Pero en el futuro, esperemos que no muy lejano, quizá podamos contar con más recursos que los probióticos para inferir cambios en esta comunidad microbiana.

5.1. Fagos: ¿la salvación vírica?

Una de las estrategias que parece más prometedora para influir sobre la fracción bacteriana de nuestra microbiota es emplear **bacteriófagos o fagos**, unos virus que infectan específicamente a las bacterias.

Los fagos forman parte de nuestra microbiota normal; es más, son muy abundantes en cualquier ecosistema terrestre que podamos imaginar.

Quizá todos tenemos claro qué es un virus, con toda la información que hemos recibido sobre el SARS-CoV-2, pero por si aún queda algún despistado, os daré algunos datos. Los virus no se consideran organismos vivos, ya que no tienen la maquinaria necesaria para reproducirse por sí mismos; son simplemente un «trocito» de material genético bastante pequeño (ADN o ARN) que guarda toda la información necesaria para crear más partículas virales con una estructura proteica exterior. Algunos virus tienen una capa lipídica externa. Coincidirás conmigo en que parecen poca cosa para lo que son capaces de liar.

Como un virus no puede dividirse por sí mismo, infecta otras células y se aprovecha de todo el arsenal molecular de su víctima para crear nuevos virus. Hay virus que infectan específicamente las células humanas, otros pueden pasar de un animal a otro, también los hay que sólo afectan a las plantas y luego están los fagos, que son los virus que, como ya comenté, infectan a las bacterias.

Los fagos son superespecíficos a la hora de elegir a quién van a «parasitar». Algunos infectan a un género o una especie muy concreta de bacterias, lo cual los hace ser tan útiles para modular la microbiota a nuestro antojo. Van a emplear las células bacterianas para multiplicarse de forma exponencial y las lisan o destruyen para liberar las partículas virales. Si añadimos un fago que infecta a una bacteria patógena, lo que conseguimos es destruir en gran medida la población de esa bacteria indeseada.

Puede parecer ciencia ficción emplear virus como terapia, pero ya hay varios estudios clínicos en los que se ha probado la utilidad de estas herramientas. Su descubrimiento no es algo reciente, sino que se remonta a la década de 1920. Aunque con el auge de los antibióticos quedaron olvidados, el interés en los fagos ha resurgido con el creciente problema de los microorganismos resistentes a los antibióticos. Conviene puntualizar que la terapia con fagos no se había olvidado por completo, ya que en la Unión Soviética formaba parte de la atención médica estándar. La aplicación de fagos se ha estudiado por vía oral, tópica, nasal e intravenosa.

En muchos casos, lo que se testa es la eficacia de un solo fago o bien un cóctel de varios para contrarrestar una infección bacteriana. Y otras veces se estudia la combinación de la terapia con fagos junto con antibióticos o probióticos para incrementar su efectividad. En los numerosos estudios con estas entidades biológicas, se ha demostrado su eficacia para contrarrestar bacterias, incluso resistentes a antibióticos, como pueden ser *Klebsiella pneumoniae*, *Pseudomonas aeruginosa* o *Escherichia coli*.

Os cuento un caso clínico en el que se empleó este tipo de terapia. Tras superar un sarcoma de Ewing, una adolescente con una prótesis ósea sufrió una infección polimicrobiana para la que fracasaron los tratamientos convencionales. Se probó entonces la combinación de un antibiótico y un fago específico frente a *S. aureus*, con la que se obtuvo una mejoría a corto plazo, aunque a medio plazo esta intervención no logró controlar la infección. El problema que se produjo en este caso clínico refleja la dificultad de trabajar con estas herramientas, pues el fago empleado no actuaba sobre todas las especies bacterianas que estaban causando la infección. De hecho, para algunas de ellas (*Clostridium ha-*

thewayi, *Proteus mirabilis* y *Finegoldia magna*) no se conocen fagos específicos que puedan atacarlas.

La terapia con fagos muestra ciertas ventajas, aunque también inconvenientes o limitaciones. Veamos las principales:

Ventajas:

- Los fagos se multiplican de forma exponencial, por lo que no es necesario añadir muchos; infectarán una bacteria y proliferarán.
- Atacan *biofilms* y bacterias resistentes a los antibióticos.
- Pueden acompañarse de tratamientos antibióticos sin que ello afecte a su acción.
- Son muy específicos, sólo atacan a bacterias concretas. Por tanto, no afectan a la composición de las bacterias comensales, es decir, «amigas», ni a las células humanas.

Desventajas:

- La gran especificidad que presentan obliga a conocer la especie o cepa de bacteria que queremos atacar para poder seleccionar el fago adecuado, si es que se conoce.
- Si llegan al torrente sanguíneo, son reconocidos por el sistema inmune, que puede formar anticuerpos frente a ellos. Este fenómeno resta eficacia cuando los tratamientos son recurrentes o crónicos.
- Pueden transferir genes entre bacterias, lo cual puede ser un potencial problema en las bacterias que portan genes de resistencia a los antibióticos.

Ya existen patentes y productos comerciales a base de fagos, pero ni la Agencia Europea del Medicamento ni la FDA han aprobado su uso. No obstante, en algunos países sí se permite emplearlos como tratamiento compasivo; es decir, en aquellos casos muy graves en los que no existe una alternativa terapéutica se acepta su uso a pesar de no estar permitido de manera generalizada. Y luego está el caso específico de Georgia, país que cuenta con el primer Instituto de Investigación y Centro Terapéutico con Fagos y donde se permite su uso en el tratamiento de infecciones bacterianas.

A pesar de todo esto, aún queda mucho por investigar antes de que su uso se extienda de forma amplia.

5.2. Trasplante de microbiota fecal

Otro modo de influir sobre la composición de la microbiota es mediante **trasplantes de microbiota fecal** (TMF). Su nombre ya nos da una idea de en qué consiste este procedimiento: de un donante sano se transfiere material fecal mínimamente procesado, es decir, se introduce toda la microbiota fecal, tanto la parte conocida como la desconocida.

Si bien el TMF es una alternativa terapéutica en casos de infección por *Clostridioides difficile* en los que el antibiótico no consigue controlarla y que compromete la vida del paciente, su aplicación también tiene luces y sombras.

El punto fundamental en el TMF es elegir bien al donante. Es muy frecuente que el donante sea un familiar de la persona a tratar. Pero para evitar, en la medida de lo posible, los efectos adversos que puede tener esta técnica, se establecen unos criterios muy estrictos para poder ser donante. Se debe descartar la presencia de ciertos virus, parásitos y bacterias patógenas. El donante tampoco puede padecer enfermedad atópica, tumores, patologías autoinmunes, diabetes, síndrome metabólico, síndrome de dolor crónico ni infecciones, entre otros trastornos. Y tampoco puede beber alcohol ni tomar ciertos fármacos que afecten a la composición de la microbiota.

Aun con estos rigurosos criterios para seleccionar un donante «sano», hay que resaltar que no conocemos la acción de cada uno de los elementos que componen nuestra microbiota. En realidad, las guías de práctica clínica no exigen determinar la composición de esa microbiota. Pero, aunque se hiciera, podemos determinar la función de una buena parte de las bacterias que la componen, pero la fracción de hongos y sobre todo la de virus (bacteriófagos y virus que afectan a las células humanas) está muy poco estudiada. Hasta tal punto desconocemos la parte vírica de nuestra microbiota, llamada viroma, que se habla de «materia oscura» para referirse a la enorme cantidad de material genético que pertenece a virus y que no se han identificado en bases de datos.

Entre los potenciales peligros del TMF preocupa la transmisión de agentes infecciosos que no causan enfermedades agudas y para los que no se analiza su presencia en el cribado de donantes, por lo que su existencia puede ignorarse. Además, una persona puede estar sana y cumplir con todos los criterios para ser donante, pero tener una microbiota que favorezca el desarrollo de una patología crónica en unos pocos años y, con el TMF, eso también se va a transmitir al receptor del trasplante.

El TMF está estudiado, como ya he comentado, para la infección grave por *Clostridioides difficile*, pero también se plantea como alternativa para tratar la EII o el SII. La gran ventaja que muestra es su bajo coste comparado con otras intervenciones; sin embargo, es una técnica poco o nada selectiva para modular la microbiota, por lo que, sin duda, en los próximos años surgirán más estudios al respecto. En la web estadounidense en la que se registran los ensayos clínicos de todo el mundo, hay 402 ensayos clínicos en marcha o ya realizados con esta técnica. El tiempo y la evidencia científica nos dirán cuál debe ser su papel definitivo en el tratamiento de diversas patologías.

5.3. Consorcios bacterianos

Otra manera de influir sobre la microbiota, y ésta sí es realmente selectiva, consiste en usar **consorcios bacterianos** —que incluyen de diez a treinta cepas rigurosamente seleccionadas—, lo cual nos puede llevar a pensar que se trata de un producto multicepa, pero en realidad no tiene mucho que ver.

En los productos multicepa se incluyen decenas de microorganismos distintos al montón que, en el mejor de los casos, tienen una acción beneficiosa demostrada de forma individual, pero su acción no es necesariamente sinérgica. Las relaciones entre los miembros de nuestra microbiota son muy complejas, por lo que la creación de formulaciones con muchas cepas que simulen el ecosistema microbiano requiere de herramientas sofisticadas.

Para elaborar un consorcio bacteriano se precisa conocer en profundidad cada una de las cepas que se incluyen. Se analiza qué sustratos consumen (de qué se alimentan) y todas las sustancias que producen. Esto es lo que se conoce como el metaboloma. Para analizar esta enorme cantidad de datos, se emplean herramientas bioinformáticas que permiten predecir cómo se van a comportar y las relaciones que se van a generar entre las cepas del consorcio y dentro de la comunidad microbiana. Por lo tanto, no van a existir relaciones de competencia entre microbios en un consorcio, sino que los microorganismos que se incluyen actúan, ahora sí, en sinergia.

Conseguir la acción sinérgica con pocas cepas puede ser sencillo, pero cuando hablamos de decenas de microorganismos, resulta realmente complejo.

Ya se están realizando ensayos clínicos con consorcios en infecciones por *Clostridioides difficile*, para tratar alergias alimentarias, la EII y diversos tipos de cáncer, así como, aunque aún están en fases iniciales, para la diabetes *mellitus* tipo 2 y en casos de obesidad.

Debido a la complejidad que requiere elaborar un consorcio microbiano, el coste que tendrán este tipo de terapias seguramente será elevado; sin embargo, se trata de una forma tremendamente específica de modular la microbiota que quizá tengamos disponible en un futuro próximo.

Hasta entonces, el uso de probióticos específicos es la forma más asequible para intervenir de un modo seguro y preciso sobre nuestra microbiota. Espero que este libro haga un poco más accesible todo el conocimiento científico sobre estas útiles herramientas que, si se emplean bien, tienen un potencial tremendo para ayudarnos a mejorar nuestra vida.

Glosario

Ácidos grasos de cadena corta: ácidos orgánicos de pequeño tamaño que son producidos por la microbiota y ejercen una acción sobre la salud.

Adyuvante: sustancia que se administra a la vez y potencia la acción de un tratamiento.

Antagonismo: asociación negativa o perjudicial; es la inhibición, el daño o la muerte de un microorganismo por acción de otro.

Bacteriocinas: péptidos o proteínas secretadas por bacterias que inhiben el crecimiento de otros microorganismos.

Barrera intestinal: propiedad de la mucosa intestinal que asegura la contención del contenido del intestino.

Biofilm: ecosistema microbiano organizado y conformado por una o varias especies que están embebidas en una matriz.

Cepa: población de microorganismos de una especie descendientes de una única célula, por lo tanto, con características genéticas y fenotípicas idénticas.

Citoquinas: proteínas de pequeño tamaño que median la comunicación entre células.

Cognitivo: relacionado con el proceso de adquisición de conocimiento (cognición).

Colonia microbiana: conjunto de células microbianas que crecen a partir de una sola y son visibles macroscópicamente, es decir, a simple vista.

Cross-feeding: interacción entre microorganismos en que una molécula producida por uno de ellos, resultado de su metabolismo, es empleada por otro.
Crosstalk: comunicación entre microorganismos mediada por moléculas.
Disbiosis: desequilibrio de la microbiota que tiene consecuencias para la salud.
Disentería: infección intestinal que causa una diarrea grave.
Eubiosis: estado de una microbiota equilibrada, es decir, que cumple con sus funciones y nos ayuda a mantener un estado saludable.
Farmabiótico: microorganismos vivos que tienen un efecto terapéutico demostrado mediante ensayos clínicos.
Fenotipo: las características observables de un microorganismo.
Filogenéticamente: que hace alusión a la filogenia, la rama de la biología que se encarga de trazar la relación evolutiva entre distintos organismos.
Gerobiótico: probióticos que contrarrestan los fenómenos inflamatorios y de senescencia asociados al envejecimiento.
Halitosis: mal aliento.
Homeostasis: estado de equilibrio entre todos los sistemas del cuerpo que se necesitan para sobrevivir y funcionar correctamente.
Inmunobiótico: probiótico con acción moduladora de la respuesta del sistema inmunitario.
Interleuquina: tipo de citoquina producida por las células inmunitarias y otros tejidos.
Leaky gut: exceso de permeabilidad intestinal o hiperpermeabilidad; consiste en el paso anormal de partículas a través de la pared intestinal.
Liofilizar: deshidratar por congelación.
Metabolito: sustancia producida por el resultado del metabolismo o descomposición de los nutrientes.
Microbioterapia: uso terapéutico de los probióticos, normalmente empleando cepas de derivación humana y de última generación.
Microorganismo alóctono: aquel que forma parte de la microbiota de forma transitoria.

Microorganismo autóctono: aquel que forma parte de la microbiota de forma prolongada, pues ha coevolucionado con el ser humano.

Microorganismo comensal: aquel que no causa un perjuicio al ser humano.

Microorganismo patógeno: aquel que puede causar una enfermedad al ser humano.

Multicepa: formulación probiótica en la que se incluye un número elevado de cepas; es frecuente que sean decenas.

Neuropsicobiótico: tipo de probiótico que modula el eje intestino-cerebro y ayuda en los procesos neurodegenerativos.

Neurotransmisor: molécula que media la comunicación entre neuronas y otras células del cuerpo.

Oncobiótico: tipo de probiótico empleado como adyuvante en la prevención o tratamiento del cáncer.

Parabiótico: microorganismo probiótico inactivado que produce un beneficio sobre la salud.

Periodontitis: enfermedad inflamatoria que afecta a las encías.

pH: la medida de acidez o alcalinidad de una disolución.

Posbiótico: microorganismo inactivado, sus componentes o los metabolitos que produce, que ejerce una acción beneficiosa.

Probiosis: efecto positivo del consumo de probióticos sobre el equilibrio de la microbiota.

Probiótico: microorganismo vivo que, en cantidades adecuadas, confiere un beneficio para la salud de quien lo consume.

Psicobiótico: tipo de probiótico que produce un beneficio para la salud mental de los pacientes.

Simbiótico: hace referencia a la relación de beneficio mutuo entre dos organismos.

Sinbiótico: formulación que incluye cepas probióticas y alguna sustancia prebiótica para favorecer el crecimiento de los microorganismos beneficiosos.

Sistema nervioso entérico: parte del sistema nervioso autónomo que se distribuye por el tracto gastrointestinal y controla ciertas funciones digestivas.

Unidad formadora de colonias: indicador de la cantidad de microorganismos vivos. Por cada célula viva, se forma una colonia visible cuando se crece en una placa de agar.

Recursos recomendados

A continuación, te recomiendo algunos libros y otros recursos con los que completar y ampliar lo que has leído en estas páginas. Hay muchos temas en los que no he profundizado, pero que sí han hecho otras personas. Espero que te resulten, como a mí, interesantes.

Libros

Anderson, S. C., Cryan, J. F. y Dinan, T., *La revolución psicobiótica. La nueva ciencia de la conexión entre el intestino y el cerebro*, RBA Libros, Barcelona, 2020.

Arponen, S., *¡Es la microbiota, idiota!*, Alienta Editorial, Barcelona, 2021.

Canellas, X., Sanchis, J. y Redondo, L., *Alimentación prebiótica: para una microbiota intestinal sana*, Plataforma Editorial, Barcelona, 2017.

Cocchi, M. y Romeo, M., *Homo bacteriens. Una moderna visione della complessa e affascinante relazione tra Microbiota e Uomo*, CEC Editore, Milán, 2021.

Collen, A., *10% humanos*, RBA Libros, Barcelona, 2019.

Pódcasts

«Micropódcast de nutribiótica»: <https://www.ivoox.com/podcast-micropodcast-nutribiotica_sq_f1941094_1.html>.

«Radio fitness revolucionario»: <https://www.fitnessrevolucionario.com/radio/>.

«Slow Medicine Revolution»: <https://slowmedicinerevolution.com/podcast/>.

Bibliografía

Abenavoli, L., Scarpellini, E., Colica, C., Boccuto, L., Salehi, B., Sharifi-Rad, J. *et al.*, «Gut Microbiota and Obesity: A Role for Probiotics», *Nutrients*, 11 (11) (2019), p. 2690, disponible en: <https://doi.org/10.3390/nu11112690>.

Aires, A., Barreto, A. S. y Semedo-Lemsaddek, T., «Antimicrobial Effects of Essential Oils on Oral Microbiota Biofilms: The Toothbrush In Vitro Model», *Antibiotics (Basel)*, 10 (1) (2020), p. 21, disponible en: <https://doi.org/10.3390/antibiotics 10010021>.

Alvarez-Calatayud, G. y Margolles, A., «Dual-coated lactic acid bacteria: an emerging innovative technology in the field of probiotics», *Future Microbiol*, 11 (3) (2016), pp. 467-475, disponible en: <https://doi.org/10.2217/fmb.15.150>.

Antushevich, H., «Fecal microbiota transplantation in disease therapy», *Clin Chim Acta*, 503 (2020), pp. 90-98, disponible en: <https://doi: 10.1016/j.cca.2019.12.010>.

Beane, K. E., Redding, M. C., Wang, X., Pan, J. H., Le, B., Cicalo, C. *et al.*, «Effects of dietary fibers, micronutrients, and phytonutrients on gut microbiome: a review», *Appl Biol Chem*, 64 (2021), p. 36, disponible en: <https://doi.org/10.1186/s13765-021-00605-6>.

Behrouz, V., Jazayeri, S., Aryaeian, N., Zahedi, M. J. y Hosseini, F., «Effects of Probiotic and Prebiotic Supplementation on Leptin, Adiponectin, and Glycemic Parameters in Non-alcoholic Fatty Liver Disease: A Randomized Clinical Trial», *Middle East J Dig Dis*, 9 (3) (2017), pp. 150-157, disponible en: <http://mejdd.org/index.php/mejdd/article/view/1651>.

Bellavia, M., Tomasello, G., Romeo, M., Damiani, P., Lo Monte, A. I., Lozio, L. *et al.*, «Gut microbiota imbalance and chaperoning system malfunction are central to ulcerative colitis pathogenesis and can be counteracted with specifically designed probiotics: a working hypothesis», *Med Microbiol Immunol*, 202 (6) (2013), pp. 393-406, disponible en: <https://doi.org/10.1007/s00430-013-0305-2>.

Blaak, E. E., Canfora, E. E., Theis, S., Frost, G., Groen, A. K., Mithieux, G. *et al.*, «Short chain fatty acids in human gut and metabolic health», *Benef Microbes*, 11 (5) (2020), pp. 411-455, disponible en: <https://doi.org/10.3920/BM2020.0057>.

Bunyavanich, S. y Berin, M. C., «Food allergy and the microbiome: Current understandings and future directions», *J Allergy Clin Immunol*, 144 (6) (2019), pp. 1468-1477, disponible en: <https://doi.org/10.1016/j.jaci.2019.10.019>.

Caruso, C., Colantuono, S., Celi, G., Salerno, L., De Martino, G., Ianiro, G. *et al.*, «Modulation of gut microbiota in patients with IBS and systemic nickel allergy after diet and probiotic supplementation: a pilot study», *J Biol Regul Homeost Agents*, 34 (5) (2020), pp. 1929-1934, disponible en: <https://doi.org/10.23812/20-162-L>.

Chander, A. M., Yadav, H., Jain, S., Bhadada, S. K. y Dhawan, D. K., «Cross-Talk Between Gluten, Intestinal Microbiota and Intestinal Mucosa in Celiac Disease: Recent Advances and Basis of Autoimmunity», *Front Microbiol*, 9 (2018), p. 2597, disponible en: <https://doi.org/10.3389/fmicb.2018.02597>.

Chapman, T. M., Plosker, G. L. y Figgitt, D. P., «VSL#3 probiotic mixture: a review of its use in chronic inflammatory bowel diseases», *Drugs*, 66 (10) (2006), pp. 1371-1387, disponible en: <https://doi.org/10.2165/00003495-200666100-00006>.

Charoenngam, N., Shirvani, A., Kalajian, T. A., Song, A. y Holick, M. F., «The Effect of Various Doses of Oral Vitamin D3 Supplementation on Gut Microbiota in Healthy Adults: A Randomized,

Double-blinded, Dose-response Study», *Anticancer Res*, 40 (1) (2020), pp. 551-556, disponible en: <https://doi:10.21873/anticanres.13984>.

Cryan, J. F., O'Riordan, K. J., Cowan, C. S. M., Sandhu, K. V., Bastiaanssen, T. F. S., Boehme, M. *et al.*, «The Microbiota-Gut-Brain Axis», *Physiol Rev*, 99 (4) (2019), pp. 1877-2013, disponible en: <https://doi.org/10.1152/physrev.00018.2018>.

Cuevas-González, P. F., Liceaga, A. M. y Aguilar-Toalá, J. E., «Postbiotics and paraprobiotics: From concepts to applications», *Food Res Int*, 136 (2020), p. 109502, disponible en: <https://doi.org/10.1016/j.foodres.2020.109502>.

Daïen, C. I., Pinget, G. V., Tan, J. K. y Macia, L., «Detrimental Impact of Microbiota-Accessible Carbohydrate-Deprived Diet on Gut and Immune Homeostasis: An Overview», *Front Immunol*, 8 (2017), p. 548, disponible en: <https://doi.org/10.3389/fimmu.2017.00548>.

Davani-Davari, D., Negahdaripour, M., Karimzadeh, I., Seifan, M., Mohkam, M., Masoumi, S. J. *et al.*, «Prebiotics: Definition, Types, Sources, Mechanisms, and Clinical Applications», *Foods*, 8 (3) (2019), p. 92, disponible en: <https://doi.org/10.3390/foods8030092>.

Denkova-Kostova, R., Teneva, D., Tomova, T., Goranov, B., Denkova, Z., Shopska, V. *et al.*, «Chemical composition, antioxidant and antimicrobial activity of essential oils from tangerine (Citrus reticulata L.), grapefruit (Citrus paradisi L.), lemon (Citrus lemon L.) and cinnamon (Cinnamomum zeylanicum Blume)», *Zeitschrift für Naturforschung C*, 76 (5-6) (2020), pp. 175-185, disponible en: <https://doi.org/10.1515/znc-2020-0126>.

Dimidi, E., Cox, S. R., Rossi, M. y Whelan, K., «Fermented Foods: Definitions and Characteristics, Impact on the Gut Microbiota and Effects on Gastrointestinal Health and Disease», *Nutrients*, 11 (8) (2019), p. 1806, disponible en: <https://doi.org/10.3390/nu11081806>.

Dimidi, E., Mark Scott, S. y Whelan, K., «Probiotics and constipation: mechanisms of action, evidence for effectiveness and utilisation by patients and healthcare professionals», *Proc Nutr*

Soc, 79 (1) (2020), pp. 147-157, disponible en: <https://doi.org/10.1017/S0029665119000934>.

Dinicola, S., De Grazia, S., Carlomagno, G. y Pintucci, J. P., «N-acetylcysteine as powerful molecule to destroy bacterial biofilms. A systematic review», *Eur Rev Med Pharmacol Sci*, 18 (19) (2014), pp. 2942-2948.

Fakhoury, H. M. A., Kvietys, P. R., AlKattan, W., Anouti, F. A., Elahi, M. A., Karras, S. N. *et al.*, «Vitamin D and intestinal homeostasis: Barrier, microbiota, and immune modulation», *J Steroid Biochem Mol Biol*, 200 (2020), p. 105663, disponible en: <https://doi.org/10.1016/j.jsbmb.2020.105663>.

Fu, Y., Wang, Y., Gao, H., Li, D., Jiang, R., Ge, L. *et al.*, «Associations among Dietary Omega-3 Polyunsaturated Fatty Acids, the Gut Microbiota, and Intestinal Immunity», *Mediators Inflamm*, 2021 (2021), p. 8879227, disponible en: <https://doi.org/10.1155/2021/8879227>.

Gasbarrini, G., Bonvicini, F. y Gramenzi, A., «Probiotics History», J Clin Gastroenterol, 50 (Suppl 2) (2016), presentado en el 8th Probiotics, Prebiotics & New Foods for Microbiota and Human Health meeting, en Roma (Italia), 13-15 de septiembre, (2015), pp. S116-S119, disponible en: <https://doi:10.1097/MCG.0000000000000697>.

Gerardin, Y., Timberlake, S., Allegretti, J. R., Smith, M. B. y Kassam, Z., «Beyond Fecal Microbiota Transplantation: Developing Drugs from the Microbiome», *J Infect Dis*, 223 (12 Suppl 2) (2021), pp. S276-S282, disponible en: <https://doi.org/10.1093/infdis/jiaa700>.

Gibson, G. R., Hutkins, R., Sanders, M. E., Prescott, S. L., Reimer, R. A., Salminen, S. J. *et al.*, «Expert consensus document: The International Scientific Association for Probiotics and Prebiotics (ISAPP) consensus statement on the definition and scope of prebiotics», *Nat Rev Gastroenterol Hepatol*, 14 (8) (2017), pp. 491-502, disponible en: <https://doi.org/10.1038/nrgastro.2017.75>.

Gusto Global, L. L. C., disponible en: <https://www.gustoglobal.com>. [Consultado el 05 de octubre de 2021.]

Hill, C., Guarner, F., Reid, G., Gibson, G. R., Merenstein, D. J., Pot, B.

et al., «Expert consensus document. The International Scientific Association for Probiotics and Prebiotics consensus statement on the scope and appropriate use of the term probiotic», *Nat Rev Gastroenterol Hepatol*, 11 (8) (2014), pp. 506-514, disponible en: <https://doi.org/10.1038/nrgastro.2014.66>.

Kalinderi, K., Delkos, D., Kalinderis, M., Athanasiadis, A. y Kalogiannidis, I., «Urinary tract infection during pregnancy: current concepts on a common multifaceted problem», *J Obstet Gynaecol*, 38 (4) (2018), pp. 448-453, disponible en: <https://doi.org/10.1080/01443615.2017.1370579>.

Langdon, A., Crook, N. y Dantas, G., «The effects of antibiotics on the microbiome throughout development and alternative approaches for therapeutic modulation», *Genome Med*, 8 (1) (2016), p. 39, disponible en: <https://doi.org/10.1186/s13073-016-0294-z>.

LeBegue, C. E., Love, B. L. y Wyatt, M. D., «Microbes as Drugs: The Potential of Pharmabiotics», *Pharmacotherapy*, 40 (2) (2020), pp. 102-106, disponible en: <https://doi: 10.1002/phar.2357>.

Leite, G., Morales, W., Weitsman, S., Celly, S., Parodi, G., Mathur, R. *et al.*, «The duodenal microbiome is altered in small intestinal bacterial overgrowth», *PLoS One*, 15 (7) (2020), p. e0234906, disponible en: <https://doi.org/10.1371/journal.pone.0234906>.

Liu, H., Wang, J., He, T., Becker, S., Zhang, G., Li, D. *et al.*, «Butyrate: A Double-Edged Sword for Health?», *Adv Nutr*, 9 (1) (2018), pp. 21-29, disponible en: <https://doi.org/10.1093/advances/nmx009>.

Mackowiak, P. A., «Recycling metchnikoff: probiotics, the intestinal microbiome and the quest for long life», *Front Public Health*, 1 (2013), p. 52, disponible en: <https://doi.org/10.3389/fpubh.2013.00052>.

Martín, R. y Langella, P., «Emerging Health Concepts in the Probiotics Field: Streamlining the Definitions», *Front Microbiol*, 10 (2019), p. 1047, disponible en: <https://doi.org/10.3389/fmicb.2019.01047>.

Matenchuk, B. A., Mandhane, P. J. y Kozyrskyj, A. L., «Sleep, circadian rhythm, and gut microbiota», *Sleep Med Rev*, 53 (2020), p. 101340, disponible en: <https://doi.org/10.47611/jsrhs.v10i3.1602>.

Nishida, A., Inoue, R., Inatomi, O., Bamba, S., Naito, Y. y Andoh, A., «Gut microbiota in the pathogenesis of inflammatory bowel disease», *Clin J Gastroenterol*, 11 (1) (2018), pp. 1-10, disponible en: <https://doi.org/10.1007/s12328-017-0813-5>.

O'Connor, P. M., Kuniyoshi, T. M., Oliveira, R. P., Hill, C., Ross, R. P. y Cotter, P. D., «Antimicrobials for food and feed; a bacteriocin perspective», *Curr Opin Biotechnol*, 61 (2020), pp. 160-167, disponible en: <https://doi.org/10.1016/j.copbio.2019.12.023>.

O'Keefe, J. H., Torres-Acosta, N., O'Keefe, E. L., Saeed, I. M., Lavie, C. J., Smith, S. E. *et al.*, «A Pesco-Mediterranean Diet With Intermittent Fasting: JACC Review Topic of the Week», *J Am Coll Cardiol*, 76 (12) (2020), pp. 1484-1493, disponible en: <https://doi.org/10.1016/j.jacc.2020.07.049>.

Ozen, M. y Dinleyici, E. C., «The history of probiotics: the untold story», *Benef Microbes*, 6 (2) (2015), pp. 159-165, disponible en: <https://doi.org/10.3920/BM2014.0103>.

Perna, S., Alalwan, T. A., Alaali, Z., Alnashaba, T., Gasparri, C., Infantino, V. *et al.*, «The Role of Glutamine in the Complex Interaction between Gut Microbiota and Health: A Narrative Review», *Int J Mol Sci*, 20 (20) (2019), p. 5232, disponible en: <https://doi.org/10.3390/ijms20205232>.

Pickering, G., Mazur, A., Trousselard, M., Bienkowski, P., Yaltsewa, N., Amessou, M. *et al.*, «Magnesium Status and Stress: The Vicious Circle Concept Revisited», *Nutrients*, 12 (12) (2020), p. 3672, disponible en: <https://doi.org/10.3390/nu12123672>.

Podlacha, M., Grabowski, Ł., Kosznik-Kawśnicka, K., Zdrojewska, K., Stasiłojć, M., Węgrzyn, G. *et al.*, «Interactions of Bacteriophages with Animal and Human Organisms-Safety Issues in the Light of Phage Therapy», *Int J Mol Sci*, 22 (16) (2021), p. 8937, disponible en: <https://doi.org/10.3390/ijms22168937>.

Royer, S., Morais, A. P. y da Fonseca Batistão, D. W., «Phage therapy as strategy to face post-antibiotic era: a guide to beginners and experts», *Arch Microbiol*, 203 (4) (2021), pp. 1271-1279, disponible en: <https://doi.org/10.1007/s00203-020-02167-5>.

Scott, K. P., Grimaldi, R., Cunningham, M., Sarbini, S. R., Wijeyesekera, A., Tang, M. L. K. *et al.*, «Developments in understanding and applying prebiotics in research and practice-an ISAPP conference paper», *J Appl Microbiol*, 128 (4) (2020), pp. 934-949, disponible en: <https://doi.org/10.1111/jam.14424>.

Shanahan, F., Ghosh, T. S. y O'Toole, P. W., «The Healthy Microbiome-What Is the Definition of a Healthy Gut Microbiome?», *Gastroenterology*, 160 (2) (2021), pp. 483-494, disponible en: <https://doi.org/10.1053/j.gastro.2020.09.057>.

Sharifi-Rad, M., Varoni, E., Salehi, B., Sharifi-Rad, J., Matthews, K., Ayatollahi, S. *et al.*, «Plants of the Genus Zingiber as a Source of Bioactive Phytochemicals: From Tradition to Pharmacy», *Molecules*, 22 (12) (2017), p. 2145, disponible en: <https://doi.org/10.3390/molecules22122145>.

Soleimani, D., Miryan, M., Tutunchi, H., Navashenaq, J. G., Sadeghi, E., Ghayour-Mobarhan, M. *et al.*, «A systematic review of preclinical studies on the efficacy of propolis for the treatment of inflammatory bowel disease», *Phytother Res*, 35 (2) (2021), pp. 701-710, disponible en: <https://doi.org/10.1002/ptr.6856>.

Spisni, E., Petrocelli, G., Imbesi, V., Spigarelli, R., Azzinnari, D., Donati Sarti, M. *et al.*, «Antioxidant, Anti-Inflammatory, and Microbial-Modulating Activities of Essential Oils: Implications in Colonic Pathophysiology», *Int J Mol Sci*, 21 (11) (2020), p. 4152, disponible en: <https://doi.org/10.3390/ijms21114152>.

Swamy, M. K., Akhtar, M. S. y Sinniah, U. R., «Antimicrobial Properties of Plant Essential Oils against Human Pathogens and Their Mode of Action: An Updated Review», *Evid Based Complement Alternat Med*, 2016 (2016), p. 3012462, disponible en: <https://doi.org/10.1155/2016/3012462>.

Takakura, W. y Pimentel, M., «Small Intestinal Bacterial Overgrowth and Irritable Bowel Syndrome - An Update», *Front Psychiatry*, 11 (2020), p. 664, disponible en: <https://doi.org/10.3389/fpsyt.2020.00664>.

Tripathi, A., Debelius, J., Brenner, D. A., Karin, M., Loomba, R., Schnabl, B. *et al.*, «The gut-liver axis and the intersection with the microbiome», *Nat Rev Gastroenterol Hepatol*, 15 (7) (2018), pp. 397-411, disponible en: <https://doi.org/10.1038/s41575-018-0011-z>.

Underwood, M. A., Umberger, E. y Patel, R. M., «Safety and efficacy of probiotic administration to preterm infants: ten common questions», *Pediatr Res*, 88 (Suppl 1) (2020), pp. 48-55, disponible en: <https://doi.org/10.1038/s41390-020-1080-6>.

Uwitonze, A. M. y Razzaque, M. S., «Role of Magnesium in Vitamin D Activation and Function», *J Am Osteopath Assoc*, 118 (3) (2018), pp. 181-189, disponible en: <https://doi.org/10.7556/jaoa.2018.037>.

Vedanta Biosciences, Inc., disponible en: <https://www.vedantabio.com>. [Consultado el 05 de octubre de 2021.]

Vega-Bautista, A., de la Garza, M., Carrero, J. C., Campos-Rodríguez, R., Godínez-Victoria, M. y Drago-Serrano, M. E., «The Impact of Lactoferrin on the Growth of Intestinal Inhabitant Bacteria», *Int J Mol Sci*, 20 (19) (2019), p. 4707, disponible en: <https://doi.org/10.3390/ijms20194707>.

Wall, R., Cryan, J. F., Ross, R. P., Fitzgerald, G. F., Dinan, T. G. y Stanton, C., «Bacterial neuroactive compounds produced by psychobiotics», *Adv Exp Med Biol*, 817 (2014), pp. 221-239, disponible en: <https://doi.10.1007/978-1-4939-0897-4_10>.

Wang, Y., Li, N., Yang, J. J., Zhao, D. M., Chen, B., Zhang, G. Q. *et al.*, «Probiotics and fructo-oligosaccharide intervention modulate the microbiota-gut brain axis to improve autism spectrum reducing also the hyper-serotonergic state and the dopamine metabolism disorder», *Pharmacol Res*, 157 (2020), p. 104784, disponible en: <https://doi: 10.1016/j.phrs.2020.104784>.

Xie, X. Q., Geng, Y., Guan, Q., Ren, Y., Guo, L., Lv, Q. *et al.*, «Influence of Short-Term Consumption of *Hericium erinaceus* on Serum Biochemical Markers and the Changes of the Gut Microbiota: A Pilot Study», *Nutrients*, 13 (3) (2021), p. 1008, disponible en: <https://doi: 10.3390/nu13031008>.

Yang, Q., Liang, Q., Balakrishnan, B., Belobrajdic, D. P., Feng, Q. J. y Zhang, W, «Role of Dietary Nutrients in the Modulation of Gut Microbiota: A Narrative Review», *Nutrients*, 12 (2) (2020), p. 381, disponible en: <https://doi.org/10.3390/nu12020381>.

Yeşilyurt, N., Yılmaz, B., Ağagündüz, D. y Capasso, R., «Involvement of Probiotics and Postbiotics in the Immune System Modulation», *Biologics*, 1 (2) (2021), pp. 89-110, disponible en: <https://doi.org/10.3390/biologics1020006>.

Zaman, S. A. y Sarbini, S. R., «The potential of resistant starch as a prebiotic», *Crit Rev Biotechnol*, 36 (3) (2016), pp. 578-584, disponible en: <https://doi.org/10.3109/07388551.2014.993590>.

Zhang, X., Han, Y., Huang, W., Jin, M. y Gao, Z., «The influence of the gut microbiota on the bioavailability of oral drugs», *Acta Pharm Sin B*, 11 (7) (2021), pp. 1789-1812, disponible en: <https://doi.org/10.1016/j.apsb.2020.09.013>.

Żółkiewicz, J., Marzec, A., Ruszczyński, M. y Feleszko, W., «Postbiotics-A Step Beyond Pre- and Probiotics», *Nutrients*, 12 (8) (2020), p. 2189, disponible en: <https://doi.org/10.3390/nu12082189>.

Lactobacilos

Adikari, A. M. G. C. P., Appukutty, M. y Kuan, G., «Effects of Daily Probiotics Supplementation on Anxiety Induced Physiological Parameters among Competitive Football Players», *Nutrients*, 12 (7) (2020), p. 1920, disponible en: <https://doi.org/10.3390/nu12071920>.

Albuquerque-Souza, E., Balzarini, D., Ando-Suguimoto, E. S., Ishikawa, K. H., Simionato, M. R. L., Holzhausen, M. *et al.*, «Probiotics alter the immune response of gingival epithelial cells challenged by Porphyromonas gingivalis», *J Periodontal Res*, 54 (2) (2019), pp. 115-127, disponible en: <https://doi.org/10.1111/jre.12608>.

Alipour, B., Homayouni-Rad, A., Vaghef-Mehrabany, E., Sharif, S. K., Vaghef-Mehrabany, L., Asghari-Jafarabadi, M. *et al.*, «Effects of Lactobacillus casei supplementation on disease activity and inflammatory cytokines in rheumatoid arthritis patients: a randomized double-blind clinical trial», *Int J Rheum Dis*, 17 (5) (2014), pp. 519-527, disponible en: <https://doi.org/10.1111/1756-185X.12333>.

Arroyo, R., Martín, V., Maldonado, A., Jiménez, E., Fernández, L. y Rodríguez, J. M., «Treatment of infectious mastitis during lactation: antibiotics versus oral administration of Lactobacilli isolated from breast milk», *Clin Infect Dis*, 50 (12) (2010), pp. 1551-1558, disponible en: <https://doi.org/10.1086/652763>.

Atassi, F., Brassart, D., Grob, P., Graf, F. y Servin, A. L., «Vaginal Lactobacillus isolates inhibit uropathogenic Escherichia coli», *FEMS Microbiol Lett*, 257 (1) (2006), pp. 132-138, disponible en: <https://doi.org/10.1111/j.1574-6968.2006.00163.x>.

Atassi, F., Pho Viet Ahn, D. L. y Lievin-Le Moal, V., «Diverse Expression of Antimicrobial Activities Against Bacterial Vaginosis and Urinary Tract Infection Pathogens by Cervicovaginal Microbiota Strains of *Lactobacillus gasseri* and *Lactobacillus crispatus*», *Front Microbiol*, 10 (2019), p. 2900, disponible en: <https://doi.org/10.3389/fmicb.2019.02900>.

Atassi, F. y Servin, A. L., «Individual and co-operative roles of lactic acid and hydrogen peroxide in the killing activity of enteric strain Lactobacillus johnsonii NCC933 and vaginal strain Lactobacillus gasseri KS120.1 against enteric, uropathogenic and vaginosis-associated pathogens», *FEMS Microbiol Lett*, 304 (1) (2010), pp. 29-38, disponible en: <https://doi.org/10.1111/j.1574-6968.2009.01887.x>.

Barone, R., Rappa, F., Macaluso, F., Caruso Bavisotto C., Sangiorgi, C., Di Paola, G. *et al.*, «Alcoholic Liver Disease: A Mouse Model Reveals Protection by Lactobacillus fermentum», *Clin Transl Gastroenterol*, 7 (1) (2016), p. e138, disponible en: <https://doi.org/10.1038/ctg.2015.66>.

Barreto, F. M., Colado Simão, A. N., Morimoto, H. K., Batisti Lozovoy, M. A., Dichi, I., Helena da Silva Miglioranza, L., «Beneficial effects of Lactobacillus plantarum on glycemia and homocysteine levels in postmenopausal women with metabolic syndrome», *Nutrition*, 30 (7-8) (2014), pp. 939-942, disponible en: <https://doi.org/10.1016/j.nut.2013.12.004>.

Björkander, S., Carvalho-Queiroz, C., Hallberg, J., Persson, J. O., Johansson, M. A., Nussbaum, B. *et al.*, «Childhood allergy is preceded by an absence of gut lactobacilli species and higher levels of atopy-related plasma chemokines», *Clin Exp Immu-*

nol, 202 (3) (2020), pp. 288-299, disponible en: <https://doi.org/10.1111/cei.13494>.

Cannarella, L. A. T., Mari, N. L., Alcântara, C. C., Iryioda, T. M. V., Costa, N. T., Oliveira, S. R. *et al.*, «Mixture of probiotics reduces inflammatory biomarkers and improves the oxidative/nitrosative profile in people with rheumatoid arthritis», *Nutrition*, 89 (2021), p. 111282, disponible en: <https://doi.org/10.1016/j.nut.2021.111282>.

Capurso, L. «Thirty Years of Lactobacillus rhamnosus GG: A Review», *J Clin Gastroenterol*, 53 (Suppl 1) (2019), pp. S1-S41, disponible en: <https://doi.10.1097/MCG.000000000000 1170>.

Chen, Y., Lu, J., Wickens, K., Stanley, T., Maude, R., Stone, P. *et al.*, «Effect of Lactobacillus rhamnosus Probiotic in Early Pregnancy on Plasma Conjugated Bile Acids in a Randomised Controlled Trial», *Nutrients*, 13 (1) (2021), p. 209, disponible en: <https://doi.org/10.3390/nu13010209>.

Cimperman, L., Bayless, G., Best, K., Diligente, A., Mordarski, B., Oster, M. *et al.*, «A randomized, double-blind, placebo-controlled pilot study of Lactobacillus reuteri ATCC 55730 for the prevention of antibiotic-associated diarrhea in hospitalized adults», *J Clin Gastroenterol*, 45 (9) (2011), pp. 785-789, disponible en: <https://doi:10.1097/MCG.0b013e3182166a42>.

Collado, M. C., Meriluoto, J. y Salminen, S., «Role of commercial probiotic strains against human pathogen adhesion to intestinal mucus», *Lett Appl Microbiol*, 45 (4) (2007), pp. 454-460, disponible en: <https://doi.org/10.1111/j.1472-765X.2007.02212.x>.

Costa, D. J., Marteau, P., Amouyal, M., Poulsen, L. K., Hamelmann, E., Cazaubiel, M. *et al.*, «Efficacy and safety of the probiotic Lactobacillus paracasei LP-33 in allergic rhinitis: a double-blind, randomized, placebo-controlled trial (GA2LEN Study)», *Eur J Clin Nutr*, 68 (5) (2014), pp. 602-607, disponible en: <https://doi.org/10.1038/ejcn.2014.13>.

Costabile, A., Buttarazzi, I., Kolida, S., Quercia, S., Baldini, J., Swann, J. R. *et al.*, «An in vivo assessment of the cholesterol-lowering efficacy of Lactobacillus plantarum ECGC 13110402 in normal to mildly hypercholesterolaemic adults», *PLoS One*, 12 (12) (2017), p. e0187964, disponible en: <https://doi.org/10.1371/journal.pone.0187964>.

Cui, Y. y Qu, X., «Genetic mechanisms of prebiotic carbohydrate metabolism in lactic acid bacteria: Emphasis on Lacticaseibacillus casei and Lacticascibacillus paracasei as flexible, diverse and outstanding prebiotic carbohydrate starters», *Trends in Food Science & Technology*, 115 (2021), pp. 486-499, disponible en: <https://doi.org/10.1016/j.tifs.2021.06.058>.

Davoren, M. J., Liu, J., Castellanos, J., Rodríguez-Malavé, N. I. y Schiestl, R. H., «A novel probiotic, Lactobacillus johnsonii 456, resists acid and can persist in the human gut beyond the initial ingestion period», *Gut Microbes*, 10 (4) (2019), pp. 458-480, disponible en: <https://doi.org/10.1080/19490976.2018.1547612>.

De Rudder, C., Garcia-Tímermans, C., De Boeck, I., Lebeer, S., Van de Wiele, T. y Calatayud Arroyo, M., «Lacticaseibacillus casei AMBR2 modulates the epithelial barrier function and immune response in a donor-derived nasal microbiota manner», *Sci Rep*, 10 (1) (2020), p. 16939, disponible en: <https://doi.org/10.1038/s41598-020-73857-9>.

Del Popolo, G. y Nelli, F. «Recurrent bacterial symptomatic cystitis: A pilot study on a new natural option for treatment», *Arch Ital Urol Androl*, 90 (2) (2018), pp. 101-103, disponible en: <https://doi.org/10.4081/aiua.2018.2.101>.

Dichi, I., Mari, N. L, Bregano, J. W., Colado Simao, A. E., Mab, L., Ki, B. *et al.*, «Lactobacillus plantarum reduces insulin resistance and yacon or symbiotic reduces oxidative stress in rats with metabolic syndrome», *J Nut Eng Bal*, 1 (2015), p. 100102.

Eggers, S., Barker, A. K., Valentine, S., Hess, T., Duster, M. y Safdar, N., «Effect of Lactobacillus rhamnosus HN001 on carriage of Staphylococcus aureus: results of the impact of probiotics for reducing infections in veterans (IMPROVE) study», *BMC Infect Dis*, 18 (1) (2018), p. 129, disponible en: <https://doi.org/10.1186/s12879-018-3028-6>.

Fang, Z., Lu, W., Zhao, J., Zhang, H., Qian, L., Wang, Q. *et al.*, «Probiotics modulate the gut microbiota composition and immune responses in patients with atopic dermatitis: a pilot study», *Eur J Nutr*, 59 (5) (2020), pp. 2119-2130, disponible en: <https://doi.org/10.1007/s00394-019-02061-x>.

Fukushima, Y., Miyaguchi, S., Yamano, T., Kaburagi, T., Iino, H., Ushida, K. *et al.*, «Improvement of nutritional status and incidence of infection in hospitalised, enterally fed elderly by feeding of fermented milk containing probiotic Lactobacillus johnsonii La1 (NCC533)», *Br J Nutr*, 98 (5) (2007), pp. 969-977, disponible en: <https://doi.org/10.1017/S000711450 7764723>.

Gleeson, M., Bishop, N. C. y Struszczak, L., «Effects of Lactobacillus casei Shirota ingestion on common cold infection and herpes virus antibodies in endurance athletes: a placebo-controlled, randomized trial», *Eur J Appl Physiol*, 116 (8) (2016), pp. 1555-1563, disponible en: <https://doi.org/10.1007 /s00421-016-3415-x>.

Gueniche A., Philippe, D., Bastien P., Reuteler, G., Blum, S., Castiel-Higounenc, I. *et al.*, «Randomised double-blind placebo-controlled study of the effect of Lactobacillus paracasei NCC 2461 on skin reactivity», *Benef Microbes*, 5 (2) (2014), pp. 137-145, disponible en: <https://doi.org/10.3920/ BM2013.0001>.

Hemmerling, A., Harrison, W., Schroeder, A., Park, J., Korn, A., Shiboski, S. *et al.*, «Phase 2a study assessing colonization efficiency, safety, and acceptability of Lactobacillus crispatus CTV-05 in women with bacterial vaginosis», *Sex Transm Dis*, 37 (12) (2010), pp. 745-750, disponible en: <https://doi.org/10.1097/OLQ.0b013e3181e50026>.

Ho, M., Chang, Y. Y., Chang, W. C., Lin, H. C., Wang, M. H., Lin, W. C. *et al.*, «Oral Lactobacillus rhamnosus GR-1 and Lactobacillus reuteri RC-14 to reduce Group B Streptococcus colonization in pregnant women: A randomized controlled trial», *Taiwan J Obstet Gynecol*, 55 (4) (2016), pp. 515-518, disponible en: <https://doi.org/10.1016/j.tjog.2016.06.003>.

Igarashi, M., Nagano, J., Tsuda, A., Suzuki, T., Koike, J., Uchida, T. *et al.*, «Correlation between the Serum Pepsinogen I Level and the Symptom Degree in Proton Pump Inhibitor-Users

Administered with a Probiotic», *Pharmaceuticals (Basel)*, 7 (7) (2014), pp. 754-764, disponible en: <https://doi.org/10.3390/ph7070754>.

Iniesta, M., Herrera, D., Montero, E., Zurbriggen, M., Matos, A. R., Marín, M. J. *et al.*, «Probiotic effects of orally administered Lactobacillus reuteri-containing tablets on the subgingival and salivary microbiota in patients with gingivitis. A randomized clinical trial», *J Clin Periodontol*, 39 (8) (2012), pp. 736-744, disponible en: <https://doi.org/10.1111/j.1600-051X.2012.01914.x>.

Inturri, R., Trovato, L., Volti, G. L., Oliveri, S. y Blandino, G., «In vitro inhibitory activity of *Bifidobacterium longum* BB536 and *Lactobacillus rhamnosus* HN001 alone or in combination against bacterial and *Candida* reference strains and clinical isolates», *Heliyon*, 5 (11) (2019), p. e02891, disponible en: <https://doi.org/10.1016/j.heliyon.2019.e02891>.

Ishikawa, H., Akedo, I., Otani, T., Suzuki, T., Nakamura, T., Takeyama, I. *et al.*, «Randomized trial of dietary fiber and Lactobacillus casei administration for prevention of colorectal tumors», *Int J Cancer*, 116 (5) (2005), pp. 762-767, disponible en: <https://doi.org/10.1002/ijc.21115>.

Iwamoto, T., Suzuki, N., Tanabe, K., Takeshita, T. y Hirofuji, T., «Effects of probiotic Lactobacillus salivarius WB21 on halitosis and oral health: an open-label pilot trial», *Oral Surg Oral Med Oral Pathol Oral Radiol Endod*, 110 (2) (2010), pp. 201-208, disponible en: <https://doi.org/10.1016/j.tripleo.2010.03.032>.

Ji, W., Chen, W. Q. y Tian, X., «Efficacy of compound *Lactobacillus acidophilus* tablets combined with quadruple therapy for *Helicobacter pylori* eradication and its correlation with pH value in the stomach: a study protocol of a randomised, assessor-blinded, single-centre study», *BMJ Open*, 8 (10) (2018), p. e023131, disponible en: <http://dx.doi.org/10.1136/bmjopen-2018-023131>.

Khalili, L., Alipour, B., Asghari Jafar-Abadi, M., Faraji, I., Hassanalilou, T., Mesgari Abbasi, M. *et al.*, «The Effects of Lactobacillus casei on Glycemic Response, Serum Sirtuin1 and Fetuin-A Levels in Patients with Type 2 Diabetes Mellitus: A Randomized

Controlled Trial», *Iran Biomed J*, 23 (1) (2019), pp. 68-77, disponible en: <https://doi:10.29252/ibj.23.1.68>.
Kołodziej, M. y Szajewska, H. «Lactobacillus reuteri DSM 17938 in the prevention of antibiotic-associated diarrhoea in children: a randomized clinical trial», *Clin Microbiol Infect*, 25 (6) (2019), pp. 699-704, disponible en: <https://doi.org/10.1016/j.cmi.2018.08.017>.
Kucia, M., Wietrak, E., Szymczak, M. y Kowalczyk, P., «Effect of *Ligilactobacillus salivarius* and Other Natural Components against Anaerobic Periodontal Bacteria», *Molecules*, 25 (19) (2020), p. 4519, disponible en: <https://doi.org/10.3390/molecules25194519>.
Kumperscak, H. G., Gricar, A., Ülen, I. y Micetic-Turk, D., «A Pilot Randomized Control Trial With the Probiotic Strain *Lactobacillus rhamnosus* GG (LGG) in ADHD: Children and Adolescents Report Better Health-Related Quality of Life», *Front Psychiatry*, 11 (2020), p. 181, disponible en: <https://doi.org/10.3389/fpsyt.2020.00181>.
Lebeer, S., Vanderleyden, J. y De Keersmaecker, S. C., «Genes and molecules of lactobacilli supporting probiotic action», *Microbiol Mol Biol Rev*, 72 (4) (2008), pp. 728-764, Table of Contents, disponible en: <https://doi.org/10.1128/MMBR.00017-08>.
Lew, L. C., Hor, Y. Y., Yusoff, N. A. A., Choi, S. B., Yusoff, M. S. B., Roslan, N. S. *et al.*, «Probiotic Lactobacillus plantarum P8 alleviated stress and anxiety while enhancing memory and cognition in stressed adults: A randomised, double-blind, placebo-controlled study», *Clin Nutr*, 38 (5) (2019), pp. 2053-2064, disponible en: <https://doi.org/10.1016/j.clnu.2018.09.010>.
Lin, X., Chen, X., Chen, Y., Jiang, W. y Chen, H., «The effect of five probiotic lactobacilli strains on the growth and biofilm formation of Streptococcus mutans», *Oral Dis*, 21 (1) (2015), p. e128-34, disponible en: <https://doi.org/10.1111/odi.12257>.
Liu, G., Chong, H. X., Chung, F. Y., Li, Y. y Liong, M.T., «Lactobacillus plantarum DR7 Modulated Bowel Movement and Gut Microbiota Associated with Dopamine and Serotonin Pathways in Stressed Adults», *Int J Mol Sci*, 21 (13) (2020), p. 4608, disponible en: <https://doi.org/10.3390/ijms21134608>.

Liu, Y. W., Liong, M. T., Chung, Y. E., Huang, H. Y., Peng, W. S., Cheng, Y. F. *et al.*, «Effects of *Lactobacillus plantarum* PS128 on Children with Autism Spectrum Disorder in Taiwan: A Randomized, Double-Blind, Placebo-Controlled Trial», *Nutrients*, 11 (4) (2019), p. 820, disponible en: <https://doi.org/10.3390/nu11040820>.

Liu, Y., Yu, X., Yu, L., Tian, F., Zhao, J., Zhang, H. *et al.*, «Lactobacillus plantarum CCFM8610 Alleviates Irritable Bowel Syndrome and Prevents Gut Microbiota Dysbiosis: A Randomized, Double-Blind, Placebo-Controlled, Pilot Clinical Trial», *Engineering*, 7 (3) (2021), pp. 376-385.

Macho Fernandez, E., Pot, B. y Grangette, C., «Beneficial effect of probiotics in IBD: are peptidogycan and NOD2 the molecular key effectors?», *Gut Microbes*, 2 (5) (2011), pp. 280-286, disponible en: <https://doi.org/10.4161/gmic.2.5.18255>.

Maehata, H., Arai, S., Iwabuchi, N. y Abe, F., «Immuno-modulation by heat-killed *Lacticaseibacillus paracasei* MCC1849 and its application to food products», *Int J Immunopathol Pharmacol*, 35 (2021), p. 20587384211008291, disponible en: <https://doi.org/10.1177/20587384211008291>.

Maldonado-Lobón, J. A., Díaz-López, M. A., Carputo, R., Duarte, P., Díaz-Ropero, M. P., Valero, A. D. *et al.*, «Lactobacillus fermentum CECT 5716 Reduces Staphylococcus Load in the Breastmilk of Lactating Mothers Suffering Breast Pain: A Randomized Controlled Trial», *Breastfeed Med*, 10(9) (2015), pp. 425-432, disponible en: <https://doi.org/10.1089/bfm.2015.0070>.

Martín, R., Sánchez, B., Urdaci, M. C., Langella, P., Suárez, J. E. y Bermúdez-Humarán, L. G., «Effect of iron on the probiotic properties of the vaginal isolate Lactobacillus jensenii CECT 4306», *Microbiology (Reading)*, 161 (Pt 4) (2015), pp. 708-718, disponible en: <http://dx.doi.org/10.1099/mic.0.000044>.

Miyazima, T. Y., Ishikawa, K. H., Mayer, M., Saad, S. y Nakamae, A., «Cheese supplemented with probiotics reduced the Candida levels in denture wearers-RCT», *Oral Dis*, 23 (7) (2017), pp. 919-925, disponible en: <https://doi.org/10.1111/odi.12669>.

Mohammad, M. A., Molloy, A., Scott, J. y Hussein, L., «Plasma cobalamin and folate and their metabolic markers methylmalonic acid and total homocysteine among Egyptian children before and after nutritional supplementation with the probiotic bacteria Lactobacillus acidophilus in yoghurt matrix», *Int J Food Sci Nutr*, 57 (7-8) (2006), pp. 470-480, disponible en: <https://doi.org/10.1080/09637480600968735>.

Morais, I. M. C., Cordeiro, A. L., Teixeira, G. S., Domingues, V. S., Nardi, R. M. D., Monteiro, AS. *et al.*, «Biological and physicochemical properties of biosurfactants produced by Lactobacillus jensenii P6A and Lactobacillus gasseri P65», *Microb Cell Fact*, 16 (1) (2017), p. 155, disponible en: <https://doi.org/10.1186/s12934-017-0769-7>.

Morales, A., Carvajal, P., Silva, N., Hernandez, M., Godoy, C., Rodriguez, G. *et al.*, «Clinical Effects of Lactobacillus rhamnosus in Non-Surgical Treatment of Chronic Periodontitis: A Randomized Placebo-Controlled Trial With 1-Year Follow-Up», *J Periodontol*, 87 (8) (2016), pp. 944-952, disponible en: <https://doi.org/10.1902/jop.2016.150665>.

Mousquer, C. R., Della Bona, A., Milani, D. C., Callegari-Jacques, S. M., Ishikawa, K., Mayer, M. P. A. *et al.*, «Are Lactobacillus salivarius G60 and inulin more efficacious to treat patients with oral halitosis and tongue coating than the probiotic alone and placebo? A randomized clinical trial», *J Periodontol*, 91 (6) (2020), pp. 775-783, disponible en: <https://doi.org/10.1002/JPER.19-0089>.

Mu, Q., Tavella, V. J. y Luo, X. M., «Role of Lactobacillus reuteri in Human Health and Diseases», *Front Microbiol*, 9 (2018), p. 757, disponible en: <https://doi.org/10.3389/fmicb.2018.00757>.

Nędzi-Góra, M., Wróblewska, M. y Górska, R., «The Effect of *Lactobacillus salivarius* SGL03 on Clinical and Microbiological Parameters in Periodontal Patients», *Pol J Microbiol*, 69 (4) (2020), pp. 441-451, disponible en: <https://doi.org/10.33073/pjm-2020-047>.

Otaka, M., Kikuchi-Hayakawa, H., Ogura, J., Ishikawa, H., Yomogida, Y., Ota, M. *et al.*, «Effect of *Lacticaseibacillus paracasei*

Strain Shirota on Improvement in Depressive Symptoms, and Its Association with Abundance of Actinobacteria in Gut Microbiota», *Microorganisms*, 9 (5) (2021), p. 1026, disponible en: <https://doi.org/10.3390/microorganisms9051026>.

Paineau, D., Carcano, D., Leyer, G., Darquy, S., Alyanakian, M. A., Simoneau, G. *et al.*, «Effects of seven potential probiotic strains on specific immune responses in healthy adults: a double-blind, randomized, controlled trial», *FEMS Immunol Med Microbiol*, 53 (1) (2008), pp. 107-113, disponible en: <https://doi.org/10.1111/j.1574-695X.2008.00413.x>.

Palma, E., Recine, N., Domenici, L., Giorgini, M., Pierangeli, A. y Panici, P. B. «Long-term Lactobacillus rhamnosus BMX 54 application to restore a balanced vaginal ecosystem: a promising solution against HPV-infection», *BMC Infect Dis*, 18 (1) (2018), p. 13, disponible en: <https://doi.org/10.1186/s12879-017-2938-z>.

Palumbo, V. D., Romeo, M., Marino Gammazza, A., Carini, F., Damiani, P., Damiano, G. *et al.*, «The long-term effects of probiotics in the therapy of ulcerative colitis: A clinical study», *Biomed Pap Med Fac Univ Palacky Olomouc Czech Repub*, 160 (3) (2016), pp. 372-377, disponible en: <https://doi:10.5507/bp.2016.044>.

Pärtty, A., Kalliomäki, M., Wacklin, P., Salminen, S. y Isolauri, E., «A possible link between early probiotic intervention and the risk of neuropsychiatric disorders later in childhood: a randomized trial», *Pediatr Res*, 77 (6) (2015), pp. 823-828, disponible en: <https://doi.org/10.1038/pr.2015.51>.

Patterson, E., Griffin, S. M., Ibarra, A., Ellsiepen, E. y Hellhammer, J., «*Lacticaseibacillus paracasei* Lpc-37® improves psychological and physiological markers of stress and anxiety in healthy adults: a randomized, double-blind, placebo-controlled and parallel clinical trial (the Sisu study)», *Neurobiol Stress*, 13 (2020), p. 100277, disponible en: <https://doi.org/10.1016/j.ynstr.2020.100277>.

Persichetti, E., De Michele, A., Codini, M. y Traina, G., «Antioxidative capacity of Lactobacillus fermentum LF31 evaluated in vitro by oxygen radical absorbance capacity assay», *Nutrition*,

30 (7-8) (2014), pp. 936-938, disponible en: <https://doi.org/10.1016/j.nut.2013.12.009>.
Pourmirzaiee, M. A., Famouri, F., Moazeni, W., Hassanzadeh, A. y Hajihashemi, M., «The efficacy of the prenatal administration of Lactobacillus reuteri LR92 DSM 26866 on the prevention of infantile colic: a randomized control trial», *Eur J Pediatr*, 179 (10) (2020), pp. 1619-1626, disponible en: <https://doi.org/10.1007/s00431-020-03641-4>.
Rodríguez-Sojo, M. J., Ruiz-Malagón, A. J., Rodríguez-Cabezas, M. E., Gálvez, J. y Rodríguez-Nogales, A., «Limosilactobacillus fermentum CECT5716: Mechanisms and Therapeutic Insights», *Nutrients*, 13 (3) (2021), p. 1016, disponible en: <https://doi.org/10.3390/nu13031016>.
Romani Vestman, N., Chen, T., Lif Holgerson, P., Öhman, C. y Johansson, I., «Oral Microbiota Shift after 12-Week Supplementation with Lactobacillus reuteri DSM 17938 and PTA 5289; A Randomized Control Trial», *PLoS One*, 10 (5) (2015), p. e0125812, disponible en: <https://doi.org/10.1371/journal.pone.0125812>.
Rosander, A., Connolly, E. y Roos, S., «Removal of antibiotic resistance gene-carrying plasmids from Lactobacillus reuteri ATCC 55730 and characterization of the resulting daughter strain, L. reuteri DSM 17938», *Appl Environ Microbiol*, 74 (19) (2008), pp. 6032-6040, disponible en: <https://doi.org/10.1128/AEM.00991-08>.
Rudzki, L., Ostrowska, L., Pawlak, D., Małus, A., Pawlak, K., Waszkiewicz, N. *et al.*, «Probiotic Lactobacillus Plantarum 299v decreases kynurenine concentration and improves cognitive functions in patients with major depression: A double-blind, randomized, placebo controlled study», *Psychoneuroendocrinology*, 100 (2019), pp. 213-222, disponible en: <https://doi.org/10.1016/j.psyneuen.2018.10.010>.
Sanborn, V., Azcarate-Peril, M. A., Updegraff, J., Manderino, L. y Gunstad, J., «Randomized Clinical Trial Examining the Impact of *Lactobacillus rhamnosus* GG Probiotic Supplementation on Cognitive Functioning in Middle-aged and Older Adults», *Neuropsychiatr Dis Treat*, 16 (2020), pp. 2765-2777, disponible en: <https://doi.org/10.2147/NDT.S270035>.

Saracino, I. M., Pavoni, M., Saccomanno, L., Fiorini, G., Pesci, V., Foschi, C. *et al.*, «Antimicrobial Efficacy of Five Probiotic Strains Against Helicobacter pylori», *Antibiotics (Basel)*, 9 (5) (2020), p. 244, disponible en: <https://doi.org/10.3390/antibiotics9050244>.

Seddik, H. A., Bendali, F., Gancel, F., Fliss, I., Spano, G. y Drider, D., «Lactobacillus plantarum and Its Probiotic and Food Potentialities», *Probiotics Antimicrob Proteins*, 9 (2) (2017), pp. 111-122, disponible en: <https://scite.ai/reports/10.1007/s12602-017-9264-z>.

Singh, S. B. y Lin, H. C., «Hydrogen Sulfide in Physiology and Diseases of the Digestive Tract», *Microorganisms*, 3 (4) (2015), pp. 866-889, disponible en: <https://doi.org/10.3390/micro organisms3040866>.

Slykerman, R. F., Hood, F., Wickens, K., Thompson, J. M. D., Barthow, C., Murphy, R. *et al.*, «Effect of Lactobacillus rhamnosus HN001 in Pregnancy on Postpartum Symptoms of Depression and Anxiety: A Randomised Double-blind Placebo-controlled Trial», *EBioMedicine*, 24 (2017), pp. 159-165, disponible en: <https://doi.org/10.1016/j.ebiom.2017.09.013>.

Stapleton, A. E., Au-Yeung, M., Hooton, T. M., Fredricks, D. N., Roberts, P. L., Czaja, C. A. *et al.*, «Randomized, placebo-controlled phase 2 trial of a Lactobacillus crispatus probiotic given intravaginally for prevention of recurrent urinary tract infection», *Clin Infect Dis*, 52 (10) (2011), pp. 1212-1217, disponible en: <https://doi.org/10.1093/cid/cir183>.

Tiptiri-Kourpeti, A., Spyridopoulou, K., Santarmaki, V., Aindelis, G., Tompoulidou, E., Lamprianidou, E. E. *et al.*, «Lactobacillus casei Exerts Anti-Proliferative Effects Accompanied by Apoptotic Cell Death and Up-Regulation of TRAIL in Colon Carcinoma Cells», *PLoS One*, 11 (2) (2016), p. e0147960, disponible en: <https://doi.org/10.1371/journal.pone.0147960>.

Wang, L., Zhang, J., Guo, Z., Kwok, L., Ma, C., Zhang, W. *et al.*, «Effect of oral consumption of probiotic Lactobacillus planatarum P-8 on fecal microbiota, SIgA, SCFAs, and TBAs of adults of different ages», *Nutrition*, 30 (7-8) (2014), pp. 776-783.e1, disponible en: <https://doi.org/10.1016/j.nut.2013.11.018>.

Wickens, K., Barthow, C., Mitchell, E. A., Kang, J., van Zyl, N., Purdie, G. *et al.*, «Effects of Lactobacillus rhamnosus HN001 in early life on the cumulative prevalence of allergic disease to 11 years», *Pediatr Allergy Immunol*, 29 (8) (2018), pp. 808-814, disponible en: <https://doi.org/10.1111/pai.12982>.

Wickens, K. L., Barthow, C. A., Murphy, R., Abels, P. R., Maude, R. M., Stone, P. R. *et al.*, «Early pregnancy probiotic supplementation with Lactobacillus rhamnosus HN001 may reduce the prevalence of gestational diabetes mellitus: a randomised controlled trial», *Br J Nutr*, 117 (6) (2017), pp. 804-813, disponible en: <https://doi.org/10.1017/S0007114517000289>.

Wu, Y. J., Wu, W. F., Hung, C. W., Ku, M. S., Liao, P. F., Sun, H. L. *et al.*, «Evaluation of efficacy and safety of Lactobacillus rhamnosus in children aged 4-48 months with atopic dermatitis: An 8-week, double-blind, randomized, placebo-controlled study», *J Microbiol Immunol Infect*, 50 (5) (2017), pp. 684-692, disponible en: <https://doi.org/10.1016/j.jmii.2015.10.003>.

Yamamoto, Y., Saruta, J., Takahashi, T., To, M., Shimizu, T., Hayashi, T. *et al.*, «Effect of ingesting yogurt fermented with *Lactobacillus delbrueckii ssp. bulgaricus* OLL1073R-1 on influenza virus-bound salivary IgA in elderly residents of nursing homes: a randomized controlled trial», *Acta Odontol Scand*, 77 (7) (2019), pp. 517-524, disponible en: <https://doi.org/10.1080/00016357.2019.1609697>.

Yamazaki, T., Suzuki, H., Yamada, S., Ohshio, K., Sugamata, M., Yamada, T. *et al.*, «*Lactobacillus paracasei* KW3110 Suppresses Inflammatory Stress-Induced Premature Cellular Senescence of Human Retinal Pigment Epithelium Cells and Reduces Ocular Disorders in Healthy Humans», *Int J Mol Sci*, 21 (14) (2020), p. 5091, disponible en: <https://doi.org/10.3390/ijms21145091>.

Bifidobacterias

Allen, A. P., Hutch, W., Borre, Y. E., Kennedy, P. J., Temko, A., Boylan, G. *et al.*, «Bifidobacterium longum 1714 as a translational psychobiotic: modulation of stress, electrophysiology and neurocognition in healthy volunteers», *Transl Psychiatry*, 6 (11) (2016), p. e939, disponible en: <https://doi.org/10.1038/tp.2016.191>.

Andrade, S. y Borges, N., «Effect of fermented milk containing Lactobacillus acidophilus and Bifidobacterium longum on plasma lipids of women with normal or moderately elevated cholesterol», *J Dairy Res*, 76 (4) (2009), pp. 469-474, disponible en: <https://doi.org/10.1017/S0022029909990173>.

Andresen, V., Gschossmann, J. y Layer, P., «Heat-inactivated Bifidobacterium bifidum MIMBb75 (SYN-HI-001) in the treatment of irritable bowel syndrome: a multicentre, randomised, double-blind, placebo-controlled clinical trial», *Lancet Gastroenterol Hepatol*, 5 (7) (2020), pp. 658-666, disponible en: <https://doi.org/10.1016/S2468-1253(20)30056-X>.

Arboleya, S., Stanton, C., Ryan, C. A., Dempsey, E. y Ross, P. R., «Bosom Buddies: The Symbiotic Relationship Between Infants and Bifidobacterium longum ssp. longum and ssp. infantis. Genetic and Probiotic Features», *Annu Rev Food Sci Technol*, 7 (2016), pp. 1-21, disponible en: <https://doi.org/10.1146/annurev-food-041715-033151>.

Bonfrate, L., Di Palo, D. M., Celano, G., Albert, A., Vitellio, P., De Angelis, M. *et al.* «Effects of Bifidobacterium longum BB536 and Lactobacillus rhamnosus HN001 in IBS patients», *Eur J Clin Invest*, 50 (3) (2020), p. e13201, disponible en: <https://doi.org/10.1111/eci.13201>.

Bozzi Cionci, N., Baffoni, L., Gaggìa, F. y Di Gioia, D., «Therapeutic Microbiology: The Role of *Bifidobacterium breve* as Food Supplement for the Prevention/Treatment of Paediatric Diseases», *Nutrients*, 10 (11) (2018), p. 1723, disponible en: <https://doi.org/10.3390/nu10111723>.

Culpepper, T., Christman, M. C., Nieves, C. Jr., Specht, G. J., Rowe, C. C., Spaiser, S. J. *et al.*, «Bifidobacterium bifidum R0071 decreases stress-associated diarrhoea-related symptoms and self-reported stress: a secondary analysis of a randomised trial», *Benef Microbes*, 7 (3) (2016), pp. 327-336, disponible en: <https://doi.org/10.3920/BM2015.0156>.

Del Piano, M., Carmagnola, S., Anderloni, A., Andorno, S., Ballarè, M., Balzarini, M. *et al.*, «The use of probiotics in healthy volunteers with evacuation disorders and hard stools: a double-blind, randomized, placebo-controlled study», *J Clin Gastroenterol*, 44 (Suppl 1) (2010), pp. S30-S34, disponible en: <https://doi.org/10.1097/MCG.0b013e3181ee31c3>.

Enomoto, T., Sowa, M., Nishimori, K., Shimazu, S., Yoshida, A., Yamada, K. *et al.*, «Effects of bifidobacterial supplementation to pregnant women and infants in the prevention of allergy development in infants and on fecal microbiota», *Allergol Int*, 63 (4) (2014), pp. 575-585, disponible en: <https://doi.org/10.2332/allergolint.13-OA-0683>.

Escribano, J., Ferré, N., Gispert-Llaurado, M., Luque, V., Rubio-Torrents, C., Zaragoza-Jordana, M. *et al.*, «Bifidobacterium longum subsp infantis CECT7210-supplemented formula reduces diarrhea in healthy infants: a randomized controlled trial», *Pediatr Res*, 83 (6) (2018), pp. 1120-1128, disponible en: <https://doi.org/10.1038/pr.2018.34>.

Fortmann, I., Marißen, J., Siller, B., Spiegler, J., Humberg, A., Hanke, K. *et al.*, «*Lactobacillus Acidophilus/Bifidobacterium Infantis* Probiotics Are Beneficial to Extremely Low Gestational Age Infants Fed Human Milk», *Nutrients*, 12 (3) (2020), p. 850, disponible en: <https://doi.org/10.3390/nu12030850>.

Guglielmetti, S., Mora, D., Gschwender, M. y Popp, K., «Randomised clinical trial: Bifidobacterium bifidum MIMBb75 significantly alleviates irritable bowel syndrome and improves quality of life--a double-blind, placebo-controlled study», *Aliment Pharmacol Ther*, 33 (10) (2011), pp. 1123-1132, disponible en: <https://doi.org/10.1111/j.1365-2036.2011.04633.x>.

Han, Y. O., Jeong, Y., You, H. J., Ku, S., Ji, G. E., Park, M. S., «The Anti-Rotaviral Activity of Low Molecular Weight and Non-Proteinaceous Substance from *Bifidobacterium longum* BORI Cell Extract», *Microorganisms*, 7 (4) (2019), p. 108, disponible en: <https://doi.org/10.3390/microorganisms7040108>.

Haros, M., Bielecka, M., Honke, J. y Sanz, Y., «Myo-inositol hexakisphosphate degradation by Bifidobacterium infantis ATCC

15697», *Int J Food Microbiol*, 117 (1) (2007), pp. 76-84, disponible en: <https://doi.org/10.1016/j.ijfoodmicro.2007.02.021>.

Härtel, C., Pagel, J., Rupp, J., Bendiks, M., Guthmann, F., Rieger-Fackeldey, E. *et al.*, «Prophylactic use of Lactobacillus acidophilus/Bifidobacterium infantis probiotics and outcome in very low birth weight infants», *J Pediatr*, 165 (2) (2014), pp. 285-289.e1, disponible en: <https://doi.org/10.1016/j.jpeds.2014.04.029>.

Hibberd, A. A., Yde, C. C., Ziegler, M. L., Honoré, A. H., Saarinen, M. T., Lahtinen, S. *et al.*, «Probiotic or synbiotic alters the gut microbiota and metabolism in a randomised controlled trial of weight management in overweight adults», *Benef Microbes*, 10 (2) (2019), pp. 121-135, disponible en: <https://doi.org/10.3920/BM2018.0028>.

Inoue, T., Kobayashi, Y., Mori, N., Sakagawa, M., Xiao, J. Z., Moritani, T. *et al.*, «Effect of combined bifidobacteria supplementation and resistance training on cognitive function, body composition and bowel habits of healthy elderly subjects», *Benef Microbes*, 9 (6) (2018), pp. 843-853, disponible en: <https://doi.org/10.3920/BM2017.0193>.

Jin, W., Yoon, C., Johnston, T. V., Ku, S. y Ji, G. E., «Production of Selenomethionine-Enriched Bifidobacterium bifidum BGN4 via Sodium Selenite Biocatalysis», *Molecules*, 23 (11) (2018), p. 2860, disponible en: <https://doi.org/10.3390/molecules 23112860>.

Jing, W., Liu, Q. y Wang, W., «Bifidobacterium bifidum TMC3115 ameliorates milk protein allergy in by affecting gut microbiota: A randomized double-blind control trial», *J Food Biochem*, 44 (11) (2020), p. e13489, disponible en: <https://doi.org/10.1111/jfbc.13489>.

Kim, C. S., Cha, L., Sim, M., Jung, S., Chun, W. Y., Baik, H. W. *et al.*, «Probiotic Supplementation Improves Cognitive Function and Mood with Changes in Gut Microbiota in Community-Dwelling Older Adults: A Randomized, Double-Blind, Placebo-Controlled, Multicenter Trial», *J Gerontol A Biol Sci Med Sci*, 76 (1) (2021), pp. 32-40, disponible en: <https://doi.10.1093/gerona/glaa090>.

Kim, N., Kunisawa, J., Kweon, M. N., Eog Ji, G. y Kiyono, H., «Oral feeding of Bifidobacterium bifidum (BGN4) prevents CD4(+) CD45RB(high) T cell-mediated inflammatory bowel disease by inhibition of disordered T cell activation», *Clin Immunol*, 123 (1) (2007), pp. 30-39, disponible en: <https://doi.10.1016/j.clim.2006.11.005>.

Kirpich, I. A., Solovieva, N. V., Leikhter, S. N., Shidakova, N. A., Lebedeva, O. V., Sidorov, P. I. *et al.*, «Probiotics restore bowel flora and improve liver enzymes in human alcohol-induced liver injury: a pilot study», *Alcohol*, 42 (8) (2008), pp. 675-682, disponible en: <https://doi.org/10.1016/j.alcohol.2008.08.006>.

Kobayashi, Y., Kinoshita, T., Matsumoto, A., Yoshino, K., Saito, I., Xiao, J. Z., «Bifidobacterium Breve A1 Supplementation Improved Cognitive Decline in Older Adults with Mild Cognitive Impairment: An Open-Label, Single-Arm Study», *J Prev Alzheimers Dis*, 6 (1) (2019), pp. 70-75, disponible en: <https://doi.10.14283/jpad.2018.32>.

Kobayashi, Y., Kuhara, T., Oki, M. y Xiao, J. Z., «*Effects of Bifidobacterium breve* A1 on the cognitive function of older adults with memory complaints: a randomised, double-blind, placebo-controlled trial», *Benef Microbes*, 10 (5) (2019), pp. 511-520, disponible en: <https://doi.org/10.3920/BM2018.0170>.

Konieczna, P., Groeger, D., Ziegler, M., Frei, R., Ferstl, R., Shanahan, F. *et al.*, «Bifidobacterium infantis 35624 administration induces Foxp3 T regulatory cells in human peripheral blood: potential role for myeloid and plasmacytoid dendritic cells», *Gut*, 61 (3) (2012), pp. 354-366, disponible en: <http://dx.doi.org/10.1136/gutjnl-2011-300936>.

Krumbeck, J. A., Rasmussen, H. E., Hutkins, R. W., Clarke, J., Shawron, K., Keshavarzian, A. *et al.*, «Probiotic Bifidobacterium strains and galactooligosaccharides improve intestinal barrier function in obese adults but show no synergism when used together as synbiotics», *Microbiome*, 6 (1) (2018), p. 121, disponible en: <https://doi.org/10.1186/s40168-018-0494-4>.

Ku, S., Park, M. S., Ji, G. E. y You, H. J., «Review on Bifidobacterium bifidum BGN4: Functionality and Nutraceutical Applications as a Probiotic Microorganism», *Int J Mol Sci*, 17 (9) (2016), p. 1544, disponible en: <https://doi.org/10.3390/ijms17091544>.

Langkamp-Henken, B., Rowe, C. C., Ford, A. L., Christman, M. C., Nieves, C. Jr, Khouri, L. *et al.*, «Bifidobacterium bifidum R0071 results in a greater proportion of healthy days and a lower percentage of academically stressed students reporting a day of cold/flu: a randomised, double-blind, placebo-controlled study», *Br J Nutr*, 113 (3) (2015), pp. 426-434, disponible en: <https://doi.org/10.1017/S0007114514003997>.

Lau, A. S., Yanagisawa, N., Hor, Y. Y., Lew, L. C., Ong, J. S., Chuah, L. O. *et al.*, «Bifidobacterium longum BB536 alleviated upper respiratory illnesses and modulated gut microbiota profiles in Malaysian pre-school children», *Benef Microbes*, 9 (1) (2018), pp. 61-70, disponible en: <https://doi.org/10.3920/BM2017.0063>.

Lorenzo, O., Crespo-Yanguas, M., Hang, T., Lumpuy-Castillo, J., Hernández, A. M., Llavero, C. *et al.*, «Addition of Probiotics to Anti-Obesity Therapy by Percutaneous Electrical Stimulation of Dermatome T6. A Pilot Study», *Int J Environ Res Public Health*, 17 (19) (2020), p. 7239, disponible en: <https://doi.org/10.3390/ijerph17197239>.

Malaguarnera, M., Vacante, M., Antic, T., Giordano, M., Chisari, G., Acquaviva, R. *et al.*, «Bifidobacterium longum with fructo-oligosaccharides in patients with non alcoholic steatohepatitis», *Dig Dis Sci*, 57 (2) (2012), pp. 545-553, disponible en: <https://doi.org/10.1007/s10620-011-1887-4>.

Maldonado-Lobón, J. A., Blanco-Rojo, R., Maldonado, J., Ali, M. A., Almazán, M. V., Suanes-Cabello, A. *et al.*, «Efficacy of *Bifidobacterium breve* CECT7263 for infantile colic treatment: an open-label, parallel, randomised, controlled trial», *Benef Microbes*, 12 (1) (2021), pp. 55-67, disponible en: <https://doi.org/10.3920/BM2020.0105>.

Messaoudi, M., Lalonde, R., Violle, N., Javelot, H., Desor, D., Nejdi, A. *et al.*, «Assessment of psychotropic-like properties of a probiotic formulation (Lactobacillus helveticus R0052 and Bifidobacterium longum R0175) in rats and human subjects»,

Br J Nutr, 105 (5) (2011), pp. 755-764, disponible en: <https://doi.org/10.1017/S0007114510004319>.

Miller, L. E., Lehtoranta, L. y Lehtinen, M. J., «The Effect of Bifidobacterium animalis ssp. lactis HN019 on Cellular Immune Function in Healthy Elderly Subjects: Systematic Review and Meta-Analysis», *Nutrients*, 9 (3) (2017), p. 191, disponible en: <https://doi.org/10.3390/nu9030191>.

Minami, J., Iwabuchi, N., Tanaka, M., Yamauchi, K., Xiao, J. Z., Abe, F. *et al.*, «Effects of *Bifidobacterium breve* B-3 on body fat reductions in pre-obese adults: a randomized, double-blind, placebo-controlled trial», *Biosci Microbiota Food Health*, 37 (3) (2018), pp. 67-75, disponible en: <https://doi.org/10.12938/bmfh.18-001>.

Minami, J., Kondo, S., Yanagisawa, N., Odamaki, T., Xiao, J. Z., Abe, F. *et al.*, «Oral administration of Bifidobacterium breve B-3 modifies metabolic functions in adults with obese tendencies in a randomised controlled trial», *J Nutr Sci*, 4 (2015), p. e17, disponible en: <https://doi.org/10.1017/jns.2015.5>.

Park, M. S., Kwon, B., Ku, S. y Ji, G. E., «The Efficacy of Bifidobacterium longum BORI and Lactobacillus acidophilus AD031 Probiotic Treatment in Infants with Rotavirus Infection», *Nutrients*, 9 (8) (2017), p. 887, disponible en: <https://doi.org/10.3390/nu9080887>.

Pinto-Sanchez, M. I., Hall, G. B., Ghajar, K., Nardelli, A., Bolino, C., Lau, J. T. *et al.*, «Probiotic Bifidobacterium longum NCC3001 Reduces Depression Scores and Alters Brain Activity: A Pilot Study in Patients With Irritable Bowel Syndrome», *Gastroenterology*, 153 (2) (2017), pp. 448-459.e8, disponible en: <https://doi.org/10.1053/j.gastro.2017.05.003>.

Ruscica, M., Pavanello, C., Gandini, S., Macchi, C., Botta, M., Dall'Orto, D. *et al.*, «Nutraceutical approach for the management of cardiovascular risk - a combination containing the probiotic Bifidobacterium longum BB536 and red yeast rice extract: results from a randomized, double-blind, placebo-controlled study», *Nutr J*, 18 (1) (2019), p. 13, disponible en: <https://doi.org/10.1186/s12937-019-0438-2>.

Sarkar, A. y Mandal, S., «Bifidobacteria-Insight into clinical outcomes and mechanisms of its probiotic action», *Microbiol Res*, 192 (2016), pp. 159-171, disponible en: <https://doi.org/10.1016/j.micres.2016.07.001>.

Smilowitz, J. T., Moya, J., Breck, M. A., Cook, C., Fineberg, A., Angkustsiri, K. *et al.*, «Safety and tolerability of Bifidobacterium longum subspecies infantis EVC001 supplementation in healthy term breastfed infants: a phase I clinical trial», *BMC Pediatr*, 17 (1) (2017), p. 133, disponible en: <https://doi.org/10.1186/1475-2891-10-19>.

Tabbers, M. M., de Milliano, I., Roseboom, M. G. y Benninga, M. A., «Is Bifidobacterium breve effective in the treatment of childhood constipation? Results from a pilot study», *Nutr J*, 10 (2011), p. 19, disponible en: <https://doi.org/10.1186/1475-2891-10-19>.

Turner, R. B., Woodfolk, J. A., Borish, L., Steinke, J. W., Patrie, J. T., Muehling, L. M. *et al.*, «Effect of probiotic on innate inflammatory response and viral shedding in experimental rhinovirus infection - a randomised controlled trial», *Benef Microbes*, 8 (2) (2017), pp. 207-215, disponible en: <https://doi.org/10.3920/BM2016.0160>.

Turroni, F., Duranti, S., Milani, C., Lugli, G. A., van Sinderen, D. y Ventura, M., «*Bifidobacterium bifidum*: A Key Member of the Early Human Gut Microbiota», *Microorganisms*, 7 (11) (2019), p. 544, disponible en: <https://doi.org/10.3390/microorganisms7110544>.

Uusitupa, H. M., Rasinkangas, P., Lehtinen, M. J., Mäkelä, S. M., Airaksinen, K., Anglenius, H. *et al.*, «*Bifidobacterium animalis* subsp. lactis 420 for Metabolic Health: Review of the Research», *Nutrients*, 12 (4) (2020), p. 892, disponible en: <https://doi.org/10.3390/nu12040892>.

Vitellio, P., Celano, G., Bonfrate, L., Gobbetti, M., Portincasa, P. y De Angelis, M., «Effects of *Bifidobacterium longum* and *Lactobacillus rhamnosus* on Gut Microbiota in Patients with Lactose Intolerance and Persisting Functional Gastrointestinal Symptoms: A Randomised, Double-Blind, Cross-Over Study», *Nutrients*, 11 (4) (2019), p. 886, disponible en: <https://doi.org/10.3390/nu11040886>.

Wang, H., Braun, C., Murphy, E. F. y Enck, P., «Bifidobacterium longum 1714™ Strain Modulates Brain Activity of Healthy Volunteers During Social Stress», *Am J Gastroenterol*, 114 (7) (2019), pp. 1152-1162, disponible en: <https://doi. 10.14309/ajg.0000000000000203>.

Wang, K., Yu, X., Li, Y., Guo, Y., Ge, L., Pu, F. *et al.*, «Bifidobacterium bifidum TMC3115 Can Characteristically Influence Glucose and Lipid Profile and Intestinal Microbiota in the Middle-Aged and Elderly», *Probiotics Antimicrob Proteins*, 11 (4) (2019), pp. 1182-1194, disponible en: <https://doi.org/10.1007/s12602-018-9441-8>.

West, N. P., Horn, P. L., Pyne, D. B., Gebski, V. J., Lahtinen, S. J., Fricker, P. A. *et al.*, «Probiotic supplementation for respiratory and gastrointestinal illness symptoms in healthy physically active individuals», *Clin Nutr*, 33 (4) (2014), pp. 581-587, disponible en: <https://doi.org/10.1016/j.clnu.2013.10.002>.

Whorwell, P. J., Altringer, L., Morel, J., Bond, Y., Charbonneau, D., O'Mahony, L. *et al.*, «Efficacy of an encapsulated probiotic Bifidobacterium infantis 35624 in women with irritable bowel syndrome», *Am J Gastroenterol*, 101 (7) (2006), pp. 1581-1590, disponible en: <https://doi. 10.1111/j.1572-0241.2006.00734.x>.

Wong, C. B., Iwabuchi, N. y Xiao, J. Z., «Exploring the Science behind Bifidobacterium breve M-16V in Infant Health», *Nutrients*, 11 (8) (2019), p. 1724, disponible en: <https://doi.org/10.3390/nu11081724>.

Wong, C. B., Odamaki, T. y Xiao, J. Z., «Beneficial effects of Bifidobacterium longum subsp. longum BB536 on human health: Modulation of gut microbiome as the principal action», *Journal of Functional Foods*, 54 (2019), pp. 506-519, disponible en: <https://doi.org/10.1016/j.jff.2019.02.002>.

Otros géneros

Aller, R., De Luis, D. A., Izaola, O., Conde, R., Gonzalez Sagrado, M., Primo, D. *et al.*, «Effect of a probiotic on liver aminotransferases in nonalcoholic fatty liver disease patients: a double

blind randomized clinical trial», *Eur Rev Med Pharmacol Sci*, 15 (9) (2011), pp. 1090-1095.
Andaloro, C., Santagati, M., Stefani, S. y La Mantia, I., «Bacteriotherapy with Streptococcus salivarius 24SMB and Streptococcus oralis 89a oral spray for children with recurrent streptococcal pharyngotonsillitis: a randomized placebo-controlled clinical study», *Eur Arch Otorhinolaryngol*, 276 (3) (2019), pp. 879-887, disponible en: <https://doi.org/10.1007/s00405-019-05346-3>.
Bagci, U., Ozmen Togay, S., Temiz, A. y Ay, M., «Probiotic characteristics of bacteriocin-producing Enterococcus faecium strains isolated from human milk and colostrum», *Folia Microbiol (Praha)*, 64 (6) (2019), pp. 735-750, disponible en: <https://doi.org/10.1007/s12223-019-00687-2>.
Bardellini, E., Amadori, F., Gobbi, E., Ferri, A., Conti, G. y Majorana, A., «Does Streptococcus Salivarius Strain M18 Assumption Make Black Stains Disappear in Children?», *Oral Health Prev Dent*, 18 (1) (2020), pp. 161-164, disponible en: <https://doi.10.3290/j.ohpd.a43359>.
Barraza-Ortiz, D. A., Pérez-López, N., Medina-López, V. M., Minero-Alfaro, J. I., Zamarripa-Dorsey, F., Fernández-Martínez, N. D. C. *et al.*, «Combination of a Probiotic and an Antispasmodic Increases Quality of Life and Reduces Symptoms in Patients with Irritable Bowel Syndrome: A Pilot Study», *Dig Dis*, 39 (3) (2021), pp. 294-300, disponible en: <https://doi.org/10.1159/000510950>.
Bittner, A. C., Croffut, R. M., Stranahan, M. C. y Yokelson, T. N., «Prescript-assist probiotic-prebiotic treatment for irritable bowel syndrome: an open-label, partially controlled, 1-year extension of a previously published controlled clinical trial», *Clin Ther*, 29 (6) (2007), pp. 1153-1160, disponible en: <https://doi.org/10.1016/j.clinthera.2007.06.010>.
Bittner, A. C., Croffut, R. M. y Stranahan, M. C., «Prescript-Assist probiotic-prebiotic treatment for irritable bowel syndrome: a methodologically oriented, 2-week, randomized, placebo-controlled, double-blind clinical study», *Clin Ther*, 27 (6) (2005), pp. 755-761, disponible en: <https://doi.org/10.1016/j.clinthera.2005.06.005>.

Brisson, J. *The New Prescript Assist Reformulation is Dangerous, a Review*. fixyourgut., disponible en: <https://www.fixyourgut.com/do-not-recommend-prescript-assist-review/>. [Consultado el 26 de septiembre de 2021.]

Burton, J. P., Drummond, B. K., Chilcott, C. N., Tagg, J. R., Thomson, W. M., Hale, J. D. F. *et al.*, «Influence of the probiotic Streptococcus salivarius strain M18 on indices of dental health in children: a randomized double-blind, placebo-controlled trial», *J Med Microbiol*, 62 (Pt 6) (2013), pp. 875-884, disponible en: <https://doi.org/10.1099/jmm.0.056663-0>.

Cárdenas, P. A., Garcés, D., Prado-Vivar, B., Flores, N., Fornasini, M., Cohen, H. *et al.*, «Effect of Saccharomyces boulardii CNCM I-745 as complementary treatment of Helicobacter pylori infection on gut microbiome», *Eur J Clin Microbiol Infect Dis*, 39 (7) (2020), pp. 1365-1372, disponible en: <https://doi.org/10.1007/s10096-020-03854-3>.

Cuenca, M., Sánchez, M. C., Diz, P., Martínez-Lamas, L., Álvarez, M., Limeres, J. *et al.*, «In Vitro Anti-Biofilm and Antibacterial Properties of *Streptococcus downii* sp. nov.», *Microorganisms*, 9 (2) (2021), p. 450, disponible en: <https://doi.org/10.3390/microorganisms9020450>.

Del Piano, M., Balzarini, M., Carmagnola, S., Pagliarulo, M., Tari, R., Nicola, S. *et al.*, «Assessment of the capability of a gelling complex made of tara gum and the exopolysaccharides produced by the microorganism Streptococcus thermophilus ST10 to prospectively restore the gut physiological barrier: a pilot study», *J Clin Gastroenterol*, 48 (Suppl 1) (2014), pp. S56-S61, disponible en: <https://doi.10.1097/MCG.0000000000000254>.

Demirel, G., Celik, I. H., Erdeve, O., Saygan, S., Dilmen, U. y Canpolat, F. E., «Prophylactic Saccharomyces boulardii versus nystatin for the prevention of fungal colonization and invasive fungal infection in premature infants», *Eur J Pediatr*, 172 (10) (2013), pp. 1321-1326, disponible en: <https://doi.org/10.1007/s00431-013-2041-4>.

Enck, P., Zimmermann, K., Menke, G. y Klosterhalfen, S., «Randomized controlled treatment trial of irritable bowel syndrome with a probiotic E.-coli preparation (DSM17252) compared to placebo», *Z Gastroenterol*, 47 (2) (2009), pp. 209-214, disponible en: <https://doi.10.1055/s-2008-1027702>.

Ferrer, M. D., López-López, A., Nicolescu, T., Perez-Vilaplana, S., Boix-Amorós, A., Dzidic, M. *et al.*, «Topic Application of the Probiotic *Streptococcus dentisani* Improves Clinical and Microbiological Parameters Associated With Oral Health», *Front Cell Infect Microbiol*, 10 (2020), p. 465, disponible en: <https://doi.org/10.3389/fcimb.2020.00465>.

Fortin, O., Aguilar-Uscanga, B., Vu, K. D., Salmieri, S. y Lacroix, M., «Cancer Chemopreventive, Antiproliferative, and Superoxide Anion Scavenging Properties of Kluyveromyces marxianus and Saccharomyces cerevisiae var. boulardii Cell Wall Components», *Nutr Cancer*, 70 (1) (2018), pp. 83-96, disponible en: <https://doi.org/10.1080/01635581.2018.1380204>.

Fusco, A., Savio, V., Cammarota, M., Alfano, A., Schiraldi, C. y Donnarumma, G., «Beta-Defensin-2 and Beta-Defensin-3 Reduce Intestinal Damage Caused by *Salmonella typhimurium* Modulating the Expression of Cytokines and Enhancing the Probiotic Activity of *Enterococcus faecium*», *J Immunol Res*, 2017 (2017), p. 6976935, disponible en: <https://doi.org/10.1155/2017/6976935>.

García-Collinot, G., Madrigal-Santillán, E. O., Martínez-Bencomo, M. A., Carranza-Muleiro, R. A., Jara, L. J., Vera-Lastra, O. *et al.*, «Effectiveness of Saccharomyces boulardii and Metronidazole for Small Intestinal Bacterial Overgrowth in Systemic Sclerosis», *Dig Dis Sci*, 65 (4) (2020), pp. 1134-1143, disponible en: <https://doi.org/10.1007/s10620-019-05830-0>.

Greuter, T., Michel, M. C., Thomann, D., Weigmann, H. y Vavricka, S. R., «Randomized, Placebo-Controlled, Double-Blind and Open-Label Studies in the Treatment and Prevention of Acute Diarrhea With *Enterococcus faecium* SF68», *Front Med (Lausanne)*, 7 (2020), p. 276, disponible en: <https://doi.org/10.3389/fmed.2020.00276>.

Gupta, A. K. y Maity, C., «Efficacy and safety of Bacillus coagulans LBSC in irritable bowel syndrome: A prospective, interventional, randomized, double-blind, placebo-controlled clinical study [CONSORT Compliant]», *Medicine (Baltimore)*, 100

(3) (2021), p. e23641, disponible en: <https://doi.org/10.1097/MD.0000000000023641>.

Hanchi, H., Mottawea, W., Sebei, K. y Hammami, R., «The Genus Enterococcus: Between Probiotic Potential and Safety Concerns-An Update», *Front Microbiol*, 9 (2018), p. 1791, disponible en: <https://doi.org/10.3389/fmicb.2018.01791>.

Higashikawa, F., Noda, M., Awaya, T., Danshiitsoodol, N., Matoba, Y., Kumagai, T. *et al.*, «Antiobesity effect of Pediococcus pentosaceus LP28 on overweight subjects: a randomized, double-blind, placebo-controlled clinical trial», *Eur J Clin Nutr*, 70 (5) (2016), pp. 582-587, disponible en: <https://doi.org/10.1038/ejcn.2016.17>.

Hishiki, H., Kawashima, T., Tsuji, N. M., Ikari, N., Takemura, R., Kido, H. *et al.*, «A Double-Blind, Randomized, Placebo-Controlled Trial of Heat-Killed *Pediococcus acidilactici* K15 for Prevention of Respiratory Tract Infections among Preschool Children», *Nutrients*, 12 (7) (2020), p. 1989, disponible en: <https://doi.org/10.3390/nu12071989>.

Jäger, R., Purpura, M., Stone, J. D., Turner, S. M., Anzalone, A. J., Eimerbrink, M. J. *et al.*, «Probiotic Streptococcus thermophilus FP4 and Bifidobacterium breve BR03 Supplementation Attenuates Performance and Range-of-Motion Decrements Following Muscle Damaging Exercise», *Nutrients*, 8 (10) (2016), p. 642, disponible en: <https://doi.org/10.3390/nu8100642>.

Kakiuchi, T., Mizoe, A., Yamamoto, K., Imamura, I., Hashiguchi, K., Kawakubo, H. *et al.*, «Effect of probiotics during vonoprazan-containing triple therapy on gut microbiota in Helicobacter pylori infection: A randomized controlled trial», *Helicobacter*, 25 (3) (2020), p. e12690, disponible en: <https://doi.org/10.1111/hel.12690>.

Kang, J. H. y Lee, M. S., «In vitro inhibition of Helicobacter pylori by Enterococcus faecium GM-1», *Can J Microbiol*, 51 (8) (2005), pp. 629-636, disponible en: <https://doi.org/10.1139/w05-044>.

Kaźmierczak-Siedlecka, K., Ruszkowski, J., Fic, M., Folwarski, M. y Makarewicz, W., «Saccharomyces boulardii CNCM I-745: A Non-bacterial Microorganism Used as Probiotic Agent in Supporting Treatment of Selected Diseases», *Curr Microbiol*, 77 (9) (2020), pp. 1987-1996, disponible en: <https://doi.org/10.1007/s00284-020-02053-9>.

Kotzampassi, K., Giamarellos-Bourboulis, E. J., Voudouris, A., Kazamias, P. y Eleftheriadis, E., «Benefits of a synbiotic formula (Synbiotic 2000Forte) in critically Ill trauma patients: early results of a randomized controlled trial», *World J Surg*, 30 (10) (2006), pp. 1848-1855, disponible en: <https://doi.org/10.1007/s00268-005-0653-1>.

Krasowska, A., Murzyn, A., Dyjankiewicz, A., Łukaszewicz, M. y Dziadkowiec, D., «The antagonistic effect of Saccharomyces boulardii on Candida albicans filamentation, adhesion and biofilm formation», *FEMS Yeast Res*, 9 (8) (2009), pp. 1312-1321, disponible en: <https://doi.org/10.1111/j.1567-1364.2009.00559.x>.

Li, Y., Shao, F., Zheng, S., Tan, Z. y He, Y., «Alteration of Streptococcus salivarius in Buccal Mucosa of Oral Lichen Planus and Controlled Clinical Trial in OLP Treatment», *Probiotics Antimicrob Proteins*, 12 (4) (2020), pp. 1340-1348, disponible en: <https://doi.org/10.1007/s12602-020-09664-5>.

Lulietto, M., Sechi, P., Cella, E., Grispoldi, L., Ceccarelli, M., Al Ani, A. *et al.*, «Inhibition of Listeria monocytogenes by a formulation of selected dairy starter cultures and probiotics in an in vitro model», *Italian Journal of Animal Science*, 17 (4) (2018), pp. 845-850, disponible en: <https://doi.org/10.1080/1828051X.2018.1450099>.

Majeed, M., Nagabhushanam, K., Natarajan, S., Sivakumar, A., Ali, F., Pande, A. *et al.*, «Bacillus coagulans MTCC 5856 supplementation in the management of diarrhea predominant Irritable Bowel Syndrome: a double blind randomized placebo controlled pilot clinical study», *Nutr J*, 15 (2016), p. 21, disponible en: <https://doi.org/10.1186/s12937-016-0140-6>.

Manti, S., Parisi, G. F., Papale, M., Licari, A., Salpietro, C., Miraglia Del Giudice, M. *et al.*, «Bacteriotherapy with Streptococcus salivarius 24SMB and Streptococcus oralis 89a nasal spray for treatment of upper respiratory tract infections in children: a pilot study on short-term efficacy», *Ital J Pediatr*,

46 (1) (2020), p. 42, disponible en: <https://doi.org/10.1186/s13052-020-0798-4>.

Massip, C., Branchu, P., Bossuet-Greif, N., Chagneau, C. V., Gaillard, D., Martin, P. *et al.*, «Deciphering the interplay between the genotoxic and probiotic activities of Escherichia coli Nissle 1917», *PLoS Pathog*, 15 (9) (2019), p. e1008029, disponible en: <https://doi.org/10.1371/journal.ppat.1008029>.

McFarland, L. V. y Goh, S., «Are probiotics and prebiotics effective in the prevention of travellers' diarrhea: A systematic review and meta-analysis», *Travel Med Infect Dis*, 27 (2019), pp. 11-19, disponible en: <https://doi.10.1016/j.tmaid.2018.09.007>.

Mu, Y. y Cong, Y., «*Bacillus coagulans* and its applications in medicine», *Benef Microbes*, 10 (6) (2019), pp. 679-688, disponible en: <https://doi.org/10.3920/BM2019.0016>.

Murzyn, A., Krasowska, A., Stefanowicz, P., Dziadkowiec, D. y Łukaszewicz, M., «Capric acid secreted by S. boulardii inhibits C. albicans filamentous growth, adhesion and biofilm formation», *PLoS One*, 5 (8) (2010), p. e12050, disponible en: <https://doi.org/10.1371/journal.pone.0012050>.

Pais, P., Almeida, V., Yılmaz, M. y Teixeira, M. C., «*Saccharomyces boulardii*: What Makes It Tick as Successful Probiotic?», *J Fungi (Basel)*, 6 (2) (2020), p. 78, disponible en: <https://doi.org/10.3390/jof6020078>.

Passali, D., Passali, G. C., Vesperini, E., Cocca, S., Visconti, I. C., Ralli, M. *et al.*, «The efficacy and tolerability of Streptococcus salivarius 24SMB and Streptococcus oralis 89a administered as nasal spray in the treatment of recurrent upper respiratory tract infections in children», *Eur Rev Med Pharmacol Sci*, 23 (1 Suppl) (2019), pp. 67-72, disponible en: <https://doi.10.26355/eurrev_201903_17352>.

Soman, R. J. y Swamy, M. V., «A prospective, randomized, double-blind, placebo-controlled, parallel-group study to evaluate the efficacy and safety of SNZ TriBac, a three-strain Bacillus probiotic blend for undiagnosed gastrointestinal discomfort», *Int J Colorectal Dis*, 34 (11) (2019), pp. 1971-1978, disponible en: <https://doi.org/10.1007/s00384-019-03416-w>.

Steffen, R., Hill, D. R. y DuPont, H. L., «Traveler's diarrhea: a clinical review», *JAMA*, 313 (1) (2015), pp. 71-80, disponible en: <https://doi:10.1001/jama.2014.17006>.

Su, Y., Liu, C., Fang, H. y Zhang, D., «Bacillus subtilis: a universal cell factory for industry, agriculture, biomaterials and medicine», *Microb Cell Fact*, 19 (1) (2020), p. 173, disponible en: <https://doi.org/10.1186/s12934-020-01436-8>.

Sudha, M. R., Jayanthi, N., Aasin, M., Dhanashri, R. D. y Anirudh, T., «Efficacy of Bacillus coagulans Unique IS2 in treatment of irritable bowel syndrome in children: a double blind, randomised placebo controlled study», *Benef Microbes*, 9 (4) (2018), pp. 563-572, disponible en: <https://doi.org/10.3920/BM2017.0129>.

Sulik-Tyszka, B., Snarski, E., Niedźwiedzka Sulik-Tyszka, B., Snarski, E., Niedźwiedzka, M., Augustyniak, M. *et al.*, «Experience with Saccharomyces boulardii Probiotic in Oncohaematological Patients», *Probiotics Antimicrob Proteins*, 10 (2) (2018), pp. 350-355, disponible en: <https://doi.org/10.1007/s12602-017-9332-4>.

Sun, Q. H., Wang, H. Y., Sun, S. D., Zhang, X. y Zhang, H., «Beneficial effect of probiotics supplements in reflux esophagitis treated with esomeprazole: A randomized controlled trial», *World J Gastroenterol*, 25 (17) (2019), pp. 2110-2121, disponible en: <https://doi.org/10.3748/wjg.v25.i17.2110>.

Suzuki, N., Yoneda, M., Hatano, Y., Iwamoto, T., Masuo, Y. y Hirofuji, T., «Enterococcus faecium WB2000 Inhibits Biofilm Formation by Oral Cariogenic Streptococci», *Int J Dent*, 2011 (2011), p. 834151, disponible en: <https://doi.org/10.1155/2011/834151>.

Tarasova, E., Yermolenko, E., Donets, V., Sundukova, Z., Bochkareva, A., Borshev, I. *et al.*, «The influence of probiotic Enterococcus faecium strain L5 on the microbiota and cytokines expression in rats with dysbiosis induced by antibiotics», *Benef Microbes*, 1 (3) (2010), pp. 265-270, disponible en: <https://doi.org/10.3920/BM2010.0008>.

Thibault, H., Aubert-Jacquin, C. y Goulet, O., «Effects of long-term consumption of a fermented infant formula (with Bifidobacterium breve c50 and Streptococcus thermophilus 065) on acute diarrhea in healthy infants», *J Pediatr Gastroenterol Nutr*, 39 (2) (2004), pp. 147-152, disponible en: <https://doi:10.1097/00005176-200408000-00004>.

Trotter, R. E., Vazquez, A. R., Grubb, D. S., Freedman, K. E., Grabos, L. E., Jones, S. *et al.*, «*Bacillus subtilis* DE111 intake may improve blood lipids and endothelial function in healthy adults», *Benef Microbes*, 11 (7) (2020), pp. 621-630, disponible en: <https://doi.org/10.3920/BM2020.0039>.

Wan, Y. D., Zhu, R. X., Bian, Z. Z. y Sun, T. W., «Effect of probiotics on length of hospitalization in mild acute pancreatitis: A randomized, double-blind, placebo-controlled trial», *World J Gastroenterol*, 27 (2) (2021), pp. 224-232, disponible en: <https://doi.org/10.3748/wjg.v27.i2.224>.

Wu, L., Wang, Z., Sun, G., Peng, L., Lu, Z., Yan, B. *et al.*, «Effects of anti-H. pylori triple therapy and a probiotic complex on intestinal microbiota in duodenal ulcer», *Sci Rep*, 9 (1) (2019), p. 12874, disponible en: <https://doi.org/10.1038/s41598-019-49415-3>.

Probióticos de nueva generación

Cheng, D. y Xie, M. Z., «A review of a potential and promising probiotic candidate-Akkermansia muciniphila», *J Appl Microbiol*, 130 (6) (2021), pp. 1813-1822, disponible en: <https://doi.org/10.1111/jam.14911>.

Depommier, C., Everard, A., Druart, C., Plovier, H., Van Hul, M., Vieira-Silva, S. *et al.*, «Supplementation with Akkermansia muciniphila in overweight and obese human volunteers: a proof-of-concept exploratory study», *Nat Med*, 25 (7) (2019), pp. 1096-1103, disponible en: <https://doi.org/10.1038/s41591-019-0495-2>.

EFSA NDA Panel (EFSA Panel on Nutrition, Novel Foods and Food Allergens), Turck, D., Bohn, T., Castenmiller, J., De Henauw, S., Hirsch-Ernst, K. I. *et al.*, «Scientific Opinion on the safety of pasteurised Akkermansia muciniphila as a novel food pursuant to Regulation (EU) 2015/2283», *EFSA Journal*, 19 (9) (2021) p. 6780, disponible en: <https://doi.org/10.2903/j.efsa.2021.6780>.

Fadhlaoui, K., Arnal, M. E., Martineau, M., Camponova, P., Ollivier, B., O'Toole, P. W. *et al.*, «Archaea, specific genetic traits, and development of improved bacterial live biotherapeutic products: another face of next-generation probiotics», *Appl Microbiol Biotechnol*, 104 (11) (2020), pp. 4705-4716, disponible en: <https://doi.org/10.1007/s00253-020-10599-8>.

Goodrich, J. K., Waters, J. L., Poole, A. C., Sutter, J. L., Koren, O., Blekhman, R. *et al.*, «Human genetics shape the gut microbiome», *Cell*, 159 (4) (2014), pp. 789-799, disponible en: <https://doi.org/10.1016/j.cell.2014.09.053>.

Hao, Z., Wang, W., Guo, R. y Liu, H. «Faccalibacterium prausnitzii (ATCC 27766) has preventive and therapeutic effects on chronic unpredictable mild stress-induced depression-like and anxiety-like behavior in rats», *Psychoneuroendocrinology*, 104 (2019), pp. 132-142, disponible en: <https://doi.org/10.1016/j.psyneuen.2019.02.025>.

Heintz-Buschart, A., Pandey, U., Wicke, T., Sixel-Döring, F., Janzen, A., Sittig-Wiegand, E. *et al.*, «The nasal and gut microbiome in Parkinson's disease and idiopathic rapid eye movement sleep behavior disorder», *Mov Disord*, 33 (1) (2018), pp. 88-98, disponible en: <https://doi.org/10.1002/mds.27105>.

Martín, R., Chain, F., Miquel, S., Lu, J., Gratadoux, J. J., Sokol, H. *et al.*, «The commensal bacterium Faecalibacterium prausnitzii is protective in DNBS-induced chronic moderate and severe colitis models», *Inflamm Bowel Dis*, 20 (3) (2014), pp. 417-430, disponible en: <https://doi.org/10.1097/01.MIB.0000440815.76627.64>.

Martín, R., Miquel, S., Benevides, L., Bridonneau, C., Robert, V., Hudault, S. *et al.*, «Functional Characterization of Novel *Faecalibacterium prausnitzii* Strains Isolated from Healthy Volunteers: A Step Forward in the Use of *F. prausnitzii* as a Next-Generation Probiotic», *Front Microbiol*, 8 (2017), p. 1226, disponible en: <https://doi.org/10.3389/fmicb.2017.01226>.

Mirza, A., Forbes, J. D., Zhu, F., Bernstein, C. N., Van Domselaar, G.,

Graham, M. *et al.*, «The multiple sclerosis gut microbiota: A systematic review», *Mult Scler Relat Disord*, 37 (2020), p. 101427, disponible en: <https://doi.org/10.1016/j.msard.2019.101427>.

Next-Generation Probiotics (NGPs)-Creative Biolabs., disponible en: <https://live-biotherapeutic.creative-biolabs.com/next-generation-probiotics-ngps.htm>. [Consultado el 31 de octubre de 2021.]

Sun, F., Zhang, Q., Zhao, J., Zhang, H., Zhai, Q. y Chen, W., «A potential species of next-generation probiotics? The dark and light sides of Bacteroides fragilis in health», *Food Res Int*, 126 (2019), p. 108590, disponible en: <https://doi.org/10.1016/j.foodres.2019.108590>.

Troy, E. B. y Kasper, D. L., «Beneficial effects of Bacteroides fragilis polysaccharides on the immune system», *Front Biosci (Landmark Ed)*, 15 (2010), pp. 25-34, disponible en: <https://doi.10.2741/3603>.

Zou, Y. y Chen, T., «Engineered Akkermansia muciniphila: A promising agent against diseases (Review)», *Exp Ther Med*, 20 (6) (2020), p. 285, disponible en: <https://doi.org/10.3892/etm.2020.9415>.

Anexo

Tabla en la que se resumen, por cada ecosistema microbiano, los trastornos más frecuentes y las especies o cepas que han demostrado utilidad.

ECOSISTEMA	TRASTORNO	ESPECIES/CEPAS
Oral	Periodontitis	*L. rhamnosus* HN001, SP1, LR32
		L. reuteri DSM17938, PTA5289
		L. salivarius SGL03
	Caries	*L. reuteri* DSM17938, PTA5289
		E. faecium WB200, JCM5804
		S. salivarius M18, KS12
		S. dentisani 7746
		S. downii
	Candidiasis	*S. boulardii*
		L. rhamnosus LR-32
	Halitosis	*L. salivarius* G60, WB21
Estómago	*Helicobacter pylori*	*L. acidophilus* LA-14, LA-1
		S. boulardii
		E. faecium
	Dispepsia	*B. coagulans*
Intestino	SIBO/SIFO/IMO	*L. acidophilus*
		L. plantarum
		S. boulardii
		E. faecium

ECOSISTEMA	TRASTORNO	ESPECIES/CEPAS
	Hiperpermeabilidad	*B. longum* BB536, *Bifidobacterium* spp.
	Estreñimiento	*L. plantarum* *B. longum* BB536 *B. breve* *B. infantis*
	SII	*L. plantarum* 299v *B. infantis* *B. bifidum* *B. longum* BB536 y *L. rhamnosus* HN001 *B. coagulans* *P. acidilactici* y *L. plantarum*
	Alergia sistémica al níquel	(*E. faecium* UBEF-41, *L. acidophilus* LA-14, *S. boulardii*) (*L. salivarius* LS33, *B. bifidum* BGN4) (*L. rhamnosus* LR32, *B. lactis* BL04, *B. longum* BB536)
	Enfermedad inflamatoria intestinal	*L. salivarius* LS33 *B. bifidum* BGN4 *L. acidophilus* LA-14
Tracto urogenital	Candidiasis	*S. boulardii* *L. rhamnosus*
	Vaginosis	*L. acidophilus* *L. crispatus* *L. gasseri* *L. jensenii* *L. johnsonii* *L. rhamnosus*
	Cistitis	*L. acidophilus* *L. crispatus* *L. gasseri* *L. jensenii* *L. johnsonii* *L. rhamnosus*
	Streptococos del grupo B	*L. rhamnosus* *L. reuteri*
	Virus del papiloma humano	*L. rhamnosus* *L. reuteri*
Eje intestino-cerebro	Ansiedad y estrés posparto	*L. rhamnosus* HN001
	Depresión, ansiedad y estrés	*L. paracasei Shirota* *LPC37*

ECOSISTEMA	TRASTORNO	ESPECIES/CEPAS
		L. plantarum
	Deterioro cognitivo	*B. breve A1*
		(B. breve M-16V, B. breve B-3, B. infantis M-63, B. longum BB536)
		B. bifidum BGN4
		B. longum BORI
	Trastornos del neurodesarrollo	*L. rhamnosus GG*
		L. plantarum
		(B. infantis Bi-26, L. rhamnosus HN001, B. lactis BL-04, L. paracasei LPC37 y FOS)
Eje intestino-hígado	Esteatosis hepática	*B. longum*
		B. bifidum
		B. breve
		L. acidophilus
		L. rhamnosus
		L. casei
		L. paracasei
Metabolismo	Dislipemia	*L. plantarum,*
		B. bifidum
		B. longum BB536
		(L. plantarum LP-115, B. breve B3, L. acidophilus LA-14)
	Obesidad	*B. breve B3*
		B. lactis
		(L. plantarum LP-115, B. breve B3, L. acidophilus LA-14)
		*A. muciniphila**
	Homeostasis glucosa	*L. casei*
		L. rhamnosus HN001
		L. rhamnosus GG y B. lactis BB12
		L. plantarum LP-115
		*A. muciniphila**
Sistema inmune	Adyuvante a vacunación	*L. paracasei*
		L. plantarum
		L. acidophilus
		B. lactis
		B. longum BB536
	Infección respiratoria	*B. lactis*
		B. bifidum
		B. longum BB536
		L. casei

ECOSISTEMA	TRASTORNO	ESPECIES/CEPAS
		L. rhamnosus
		S. salivarius
		S. oralis
	Alergias	*L. paracasei*
		B. longum BB536
		B. bifidum
		B. breve
	Piel	*L. paracasei*
		L. rhamnosus HN001
		B. longum
		B. breve M-16V
		B. longum BB536
	Infecciones virales	*L. rhamnosus*
		L. paracasei
		L. delbrueckii
		L. fermetum
		L. reuteri
		B. longum BORI
	Oncobióticos	*L. casei*
		L. paracasei
		B. longum BB536

*No se comercializa como probiótico en España.

Agradecimientos

Me considero una persona muy afortunada y, aunque estas palabras de agradecimiento sean breves, mi corazón rebosa de gratitud. Cuento con muchas personas que hacen que me atreva y me embarque en cualquier aventura. A veces me veo como una trapecista que se tira al vacío en una acrobacia, pero ¿cómo no voy a hacerlo, si sé que tengo una gran red que me sostendrá si la pirueta no sale bien?

Por un lado, esa red la forma mi familia, que desde siempre me ha apoyado y animado a seguir mis sueños. Confían en mí más que yo misma. Gracias a mi madre y a mi padre, a mi hermana, a mi chico, a todos mis tíos, primos, cuñados, *sobris*... Somos un clan y soy consciente de la tremenda suerte que tengo.

También forman parte de esa red, por supuesto, Raquel y Vito. Gracias por animarme a escribir este libro y pensar en mí para tantos proyectos. Nutribiótica es un ejemplo de trabajo en equipo y se ha convertido en estos años en una gran familia. Gracias a todos mis compañeros de Nutribiótica (Pablo, Lucas, Roxana, Raquel L., Lucía, Álex, Isabel B., Paula, Adrián, Isabel M., Lid, Jorge, Fran, Carla, Elena) por hacer mi día a día tan fácil y por ayudarme en las redes con vídeos e ilustraciones y con vuestra opinión y vuestro apoyo.

Gracias a Carolina y a Sari por vuestras correcciones y sugerencias. Este libro no sería lo que es sin vuestra ayuda, y yo no me habría atrevido a escribirlo sin saber que contaba con vosotras.

A mis editores, Roger y Carola, y al resto del equipo de Alienta. Gracias por confiar en mí y por ayudarme a cumplir el sueño de escribir un libro.

También a África, Lucía, José y More, por haberos prestado a leer en primicia el manuscrito y a regalarme vuestros comentarios. No os imagináis la ilusión que me hacen vuestras palabras.

Por último, quiero agradecer a todas las personas que han hecho que ame la ciencia: mis compañeros del grupo de investigación BB1 de la Universidad de Vigo y mis directoras de tesis, Loretta y Vicenta. Y a todos los profesionales de la salud que me consultan a diario dudas sobre probióticos y hacen que me sumerja en decenas de artículos hasta dar con la respuesta. Vosotros también habéis contribuido en este libro, sin lugar a dudas.